Sammlung Göschen

Analytische Geometrie des Raumes

von

Dr. Max Simon
Strassburg i. E.

Mit 28 Abbildungen

Leipzig
G. J. Göschen'sche Verlagshandlung
1898

Druck und Einband von Carl Rembold & Co. in Heilbronn.

Inhaltsverzeichnis.

I. Abschnitt.

Koordinaten.

§ 1. Das rechtwinklige dreiaxige Koordinatensystem.

Als einfachstes Koordinatensystem im Raum dient die Konfiguration von drei zu je zwei aufeinander senkrechten Ebenen (Fig. 1); alsdann bestimmt jeder Punkt P des Raumes seine 3 Abstände von den drei Ebenen, bezw. deren Masszahlen in Bezug auf die (beliebige aber feste) Längeneinheit. Die Ebenen selbst heissen Koordinaten-Ebenen, ihr Schnittpunkt O: Anfangs- oder Nullpunkt; die Geraden, in welchen sich je 2 Ebenen schneiden, Koordinaten-Axen, sie werden als x-, y- und z-Axe, bezw. Abscissen, Ordinaten und Höhenaxe unterschieden; die Ebenen selbst werden als xy-, yz-, zx-Ebene bezeichnet. Damit umgekehrt jene Abstände, bezw. ihre Masszahlen den Punkt bestimmen, ist in Bezug auf jede der Koordinatenebenen eine Unterscheidung der beiden Teile nötig, in welche sie den Raum teilt (oben und unten, vorn und hinten, rechts und links). Diese Unterscheidung ist getroffen, sobald wir auf jeder der Axen, wie in der Ebene (T. 1, S. 10) die beiden Richtungen durch + und — unterscheiden. Ohne diese Unterscheidung würde es 8 Punkte geben, für welche die Abstände gleiche Werte hätten (dem absoluten Betrage nach gleich wären), entsprechend den 8 Fächern, in welche die drei Koordinatenebenen den Raum teilen. Die so mit Vorzeichen versehenen Masszahlen der Abstände sind dann Koordinaten im Sinne der Definition T. 1. S. 9; sie können als parallele Strecken zwischen parallelen Ebenen (Fig. 1) auch auf den Axen selbst

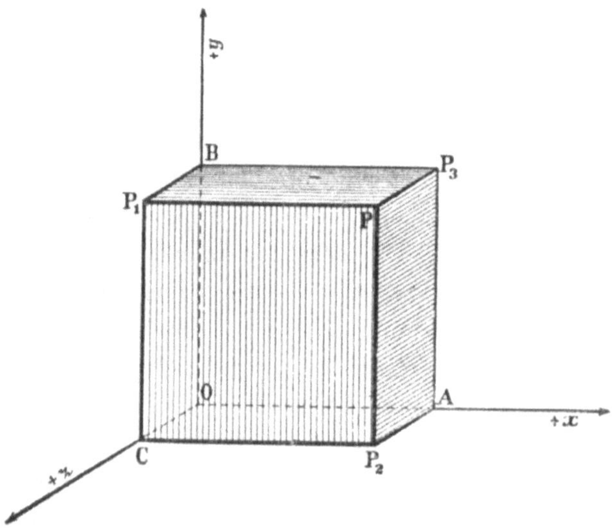

Fig. 1.

gemessen werden, so ist $OA = PP_1 = x_p$; $OB = P_2P = y_p$; $OC = P_3P = z_p$. Die Punkte P_1 etc. sind die Projectionen des Punktes P auf die Koordinatenebenen, die Punkte A, B, C, die auf die Axen. Die Koordinaten können auch, nachdem auf den Axen die positiven Richtungen festgelegt sind, definiert werden als die Strecken, welche von den Axen abgeschnitten werden durch Ebenen, welche durch P, den Koordinatenebenen parallel, gelegt werden; z. B. wird die x-Koordinate O A abgeschnitten durch die Parallele zur y z-Ebene: $PP_3\,AP_2$. Das hier bestimmte Koordinatensystem heisst: **rechtwinkliges, dreiaxiges Koordinatensystem**. Man legt jetzt mit Rücksicht auf die Elektricitätslehre die Axen wie in Fig. 1, so dass, wenn man eine Schraube von $+x$ nach $+y$ dreht, sie auf $+z$ vorwärts schreitet (Rechts-Schrauben-System).

§ 2. Ortsgleichung.

Gegeben $P\{(x_1, y_1, z_1)$ (kürzer $P\{x_1 \ldots$), es soll die Entfernung r des Punktes P vom Nullpunkt (als absolute Länge) bestimmt werden. Es ist (Fig. 2):

$$r^2 = \overline{OP_2}^2 + y_1^2;\quad \overline{OP_2}^2 = \overline{x_1}^2 + \overline{z_1}^2;\ \text{somit}$$

$$1)\quad r^2 = x_1^2 + y_1^2 + z_1^2.$$

Sieht man in dieser Gleichung r als festgegebene Zahl an und x_1; y_1; z_1; als einzeln betrachtet unbeschränkt variabel und nur der Beschränkung durch die Gleichung 1 unterworfen (was durch Weglassen der Marke 1 gekennzeichnet wird), so wird 1) erfüllt von allen Punkten, welche von O die Entfernung r haben und nur von diesem, somit ist 1), der man die Form $x^2 + y^2 + z^2 - r^2 = 0$ geben kann, im Sinne von T. 1, § 4 die **Gleichung der Kugel** mit Centrum 0 und Radius r.

Man sieht, dass eine Gleichung zwischen den als variabel betrachteten Koordinaten $f(x, y, z) = 0$ (Vgl. T. 1, S. 21, Anmerk.) im Allgemeinen eine unendlichfach unendliche Menge von Lösungen hat und somit (wenn die Funktion stetig ist) eine Fläche darstellt. Zwei

Gleichungen $f = 0$, $\varphi = 0$ haben eine einfach unendliche Menge gemeinsamer Lösungen und stellen somit eine Linie dar, was schon daraus erhellt, dass sie den Schnitt der Flächen $f = 0$ und $\varphi = 0$ liefern. Drei Gleichungen haben eine endliche Menge von Lösungen und ergeben daher eine bestimmte Anzahl von Punkten. So stellte

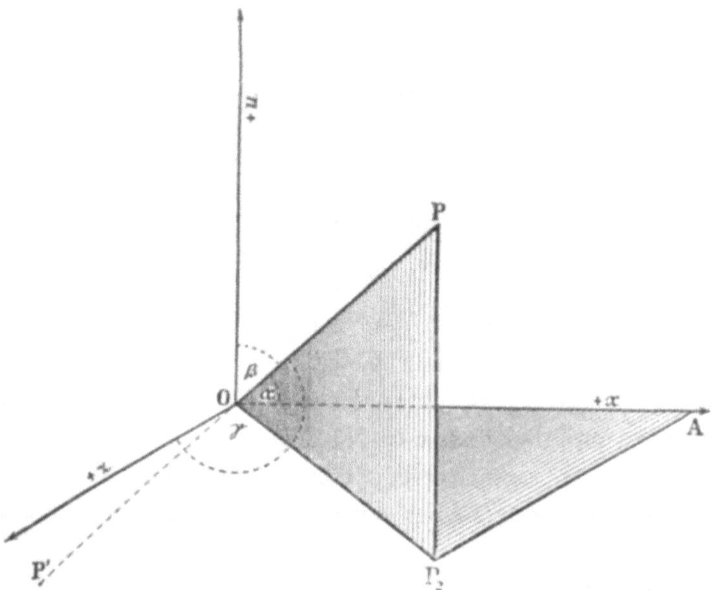

Fig. 2.

die Gleichung 1) eine Kugel dar, die Gleichung $y^2 + z^2 - r^2 = 0$ einen Cylinder, dessen Querschnitt ein Kreis mit Radius r, dessen Axe die x-Axe ist. Die Gleichung $x - x_1 = 0$ ist { der Gesamtheit aller Punkte, welche von der yz-Ebene den Abstand x_1 haben, d. h. sie ist die Gleichung der Parallelebene zur yz-Ebene im Abstand x_1. Die Gleichungen $x - x_1 = 0$; $y - y_1 = 0$

stellen die Gerade dar, in welcher sich die Ebenen $x = x_1$ und $y = y_1$ schneiden, d. h. die Gerade PP_3 der Fig. 1. Und das System $x - x_1 = 0$, $y - y_1 = 0$, $z - z_1 = 0$ liefert P als Schnitt der betreffenden drei Parallelebenen. Die Gleichung einer der Koordinatenebenen z. B. der xy-Ebene ist $z = 0$, und wenn man die Gleichungen $f(x, y, z) = 0$ und $z = 0$ kombiniert, so ergeben sie eine Linie in der z-Ebene, deren Gleichung $f(x, y, 0) = 0$; betrachtet man also dauernd $z = 0$, so hat man es wieder mit der analytischen Geometrie der Ebene zu thun.

§ 3. **Der Strahl durch O.**

Die Richtung des Strahls OP (Fig. 2) wird bestimmt durch die Winkel, welche er mit den positiven Zweigen der Axen einschliesst, wobei die Winkel $\geqq 0$ und < 180 genommen werden. Sie seien der Reihe nach α, β, γ, $P\{x_1 \ldots$ und OP, als blosse Länge betrachtet, gleich r. Er ist (Fig. 2):

$$2) \quad \cos\alpha = \frac{x_1}{r}; \quad \cos\beta = \frac{y_1}{r}; \quad \cos\gamma = \frac{z_1}{r}$$

oder $x_1 = r\cos\alpha$ etc. Setzt man diese Werte in 1) ein, so ergiebt sich die wichtige Relation

$$3) \quad \cos^2\alpha + \cos^2\beta + \cos^2\gamma = 1.$$

Diese Relation zeigt, dass durch 2 Winkel, z. B. α und β bezw. deren Cosinus, der 3. Winkel bezw. sein Cosinus nicht völlig bestimmt ist. Dies ist geometrisch klar; derselbe Wert von α bezw. $\cos\alpha$ kommt allen Kanten des Kegels zu, der durch Umdrehung eines Strahls entsteht, der mit OX den Winkel α bildet, desgl. β allen des betreffenden Kegels mit der Axe OY.

Beide Kegel schneiden sich, ausser wenn $\alpha \pm \beta = \pm 90$, in welchem Falle $\cos \gamma = 0$, $\gamma = 90$, in zwei symmetrisch zur xy-Ebene gelegenen Kanten, deren Winkel mit OZ sich zu 2 Rechten ergänzen. Man sieht aber, dass $\cos \alpha$, $\cos \beta$, und das Zeichen von $\cos \gamma$ hinreichen, um die Lage von OP unzweideutig festzustellen; $\cos \alpha$, $\cos \beta$, $\cos \gamma$ heissen die Richtungskosinus des Strahls OP.

Durch r und die Winkel α, β, γ, zwischen deren Cosinus die Gleichung 3) besteht, wird die Lage des Punktes P bestimmt, diese Grössen liefern daher ebenfalls ein Koordinatensystem, es heisst (T. 1, S. 82): Polarkoordinaten (in der Potentialtheorie und der Integralrechnung werden mit diesem Namen meist die sphärischen Koordinaten, Länge, Breite, Kugelradius bezeichnet).

Sind die 3 Richtungskosinus eines Strahls nicht selbst gegeben, sondern 3 Zahlen, o, p, q, denen die Cosinus proportional sein sollen, und sei $o = \lambda \cos \alpha$; $p = \lambda \cos \beta$; $q = \lambda \cos \gamma$, so giebt 3) $\lambda = \sqrt{o^2 + p^2 + q^2}$, und wenn der absolute Betrag der Wurzel w genannt wird, und ε, wie meist, $\sqrt{1}$, d. h. also ± 1 bezeichnet: $\lambda = \varepsilon w$. Man erhält daher zwei entgegengesetzt gerichtete Strahlen OP und OP′, entsprechend den beiden Systemen $\cos \alpha = \frac{o}{w}$ etc. und $\cos \alpha' = -\frac{o}{w}$ etc. Die 3 Zahlen o, p, q bestimmen also den Strahl OP nicht, wohl aber die Gerade PP′. Da jede Gerade g mit den Axen dieselben Winkel bildet, wie eine durch O zu g gezogene Parallele, so ist die Richtung jeder Geraden g bestimmt durch 3 Zahlen o, p, q, denen die Cosinus der Winkel proportional sind, welche g oder eine ihr parallele mit den positiven Zweigen der Axen bildet. Man kann o, p, q ansehen als die Koordinaten eines Punktes P, dessen Abstand von O gleich w ist, die Gerade g ist dann O P parallel. — Die Gleichung 3) lässt sich geometrisch interpretieren. Nach einem bekannten Satz der elementaren Stereometrie ist die Projektion F_p eines ebenen Flächenstücks F auf eine Ebene gleich F cos i, wo i der Neigungswinkel der beiden Ebenen ist; der Neigungswinkel zweier Ebenen ist aber gleich dem ihrer Lothe, und somit liefert 3) den Satz:

Das Quadrat einer ebenen Figur ist gleich der Summe der Quadrate ihrer Projektionen auf die 3 Koordinatenebenen.

§ 4. Zwei Strahlen.

Seien O P und O P' zwei Strahlen; a, b, c und a'... ihre Richtungscosinus; O P und O P' der Länge nach gleich 1, Winkel P O P' sei v, dann ist Dreieck P O P' $= {}^1/_2 \sin v$; seine Projektion z. B. auf die zx-Ebene ist nach T. 1, S. 16 $= {}^1/_2 (c a' - a c')$, somit liefert der letzte Satz die Formel:

$$4)\quad \sin^2 v = (a b' - a' b)^2 + (b c' - b' c)^2 + (c a' - c' a)^2.$$

Projiciert man den geschlossenen Linienzug der Fig. 2: OAP_2PO auf OP', so ist (T. 1, S. 37, 38) die Summe der Projektionen Null und somit $\cos v = a \cos \alpha' + b \cos \beta' + c \cos \gamma'$, d. h.

$$5)\quad \cos v = \cos \alpha \cos \alpha' + \cos \beta \cos \beta' + \cos \gamma \cos \gamma'.$$

Sind P und P' zwei beliebige Punkte auf denselben

Strahlen, $P\{x..P'\{x'...$, so ist $x = r\cos\alpha$ etc., also

$$5^a)\quad \cos v = \frac{x x' + y y' + z z'}{r r'}.$$

Damit OP und OP′ auf einander senkrecht stehen, und also auch je zwei ihnen parallele Geraden g und g′ muss $\cos v = 0$ sein; also ist die Bedingung, dass irgend zwei Gerade, gleichgültig, ob schneidend oder kreuzend, auf einander senkrecht stehen:

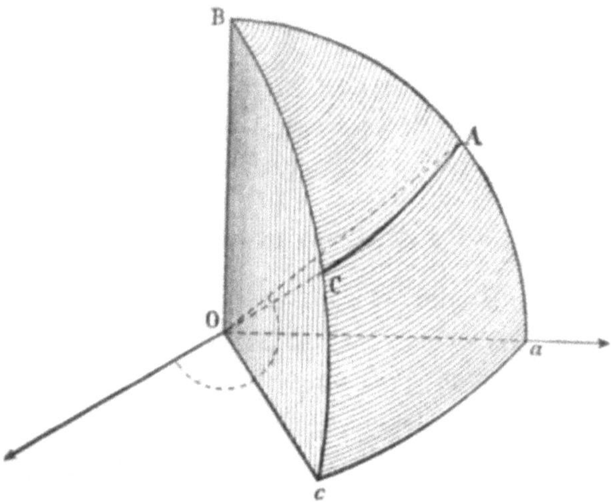

Fig. 3.

$$6)\quad \cos\alpha\cos\alpha' + \cos\beta\cos\beta' + \cos\gamma\cos\gamma' = 0,$$

wo $\cos\alpha ...$, $\cos\alpha' ...$ die Richtungskosinus je eines der g und g′ parallelen Strahlen sind. Die Formel 4) giebt beide Winkel, welche die beliebigen, der Richtung nach gegebenen Geraden einschliessen, die Formel 5) nur einen. Diese Formel ist identisch mit der Grundformel der sphärischen Trigonometrie, dem verallgemeinerten Pythagoras im Raume. Sei **Fig. 3** ABC das sph. Dreieck, O Kugelmittelpunkt, r Radius, OB die positive y-Axe, OAB die xy-Ebene und die Bezeichnung der Seiten und Winkel die übliche. Es ist für den Strahl OA: Winkel $\alpha = \frac{\pi}{2} - c$; $\beta = c$, $\gamma = 90$. Die Koordinaten von C ergeben sich, da $COc = \frac{\pi}{2} - a$ ist und $cOa = B$, als $x' = r \sin a \cos B$; $y' = r \cos a$; $z' = r \sin a \sin B$; somit für die Richtungskosinus des Strahls OC, da z. B. $\cos \alpha' = x' : r$ ist: $\cos \alpha' = \sin \alpha \cos B$; $\cos \beta' = \cos a$; $\cos \gamma' = \sin a \sin B$ und für AOC oder b giebt 5): $\cos b = \sin c \sin a \cos B + \cos c \cos a$.

§ 5. Zwei Punkte, die Gerade durch sie.

Seien (**Fig. 4**) $P_1 \{ x_1 \ldots P_2 \{ x_2 \ldots$ zwei Punkte, man denke sich durch P_1 die Parallelen zu den positiven Axen gezogen, so wird dadurch das Koordinatensystem parallel verschoben, die Koordinaten von P_2 in Bezug auf das neue System seien: ξ_2, η_2, ζ_2, so ist z. B. $\eta_2 = y_2 - y_1$. Die Winkel, welche Strahl P_1P_2 mit den neuen +-Axen bildet, sind dieselben, welche er mit den alten bildet. Die **Fig. 4** bezw. die Formel 1) giebt dann, wenn d die Länge von P_1P_2 bezeichnet

$$1^a) \quad d^2 = (x_2 - x_1)^2 + (y_2 - y_1)^2 + (z_2 - z_1)^2$$

und für die Richtungen erhält man:

$$2^a) \quad \cos \alpha = \frac{x_2 - x_1}{d} \text{ etc.}$$

Sieht man in 1^a) d als fest an, und ebenso x_1, y_1, z_1, d. h. also Punkt P_1, dagegen $x_2 \ldots$ als, einzeln betrachtet, variabel und nur der Bedingung 1ª) unterworfen, so wird 1ª) von allen Punkten, welche von P_1 die Entfernung d haben, und nur von diesen erfüllt, ist also die Gleichung der Kugel, welche um das Centrum P_1 mit dem Radius d geschlagen ist.

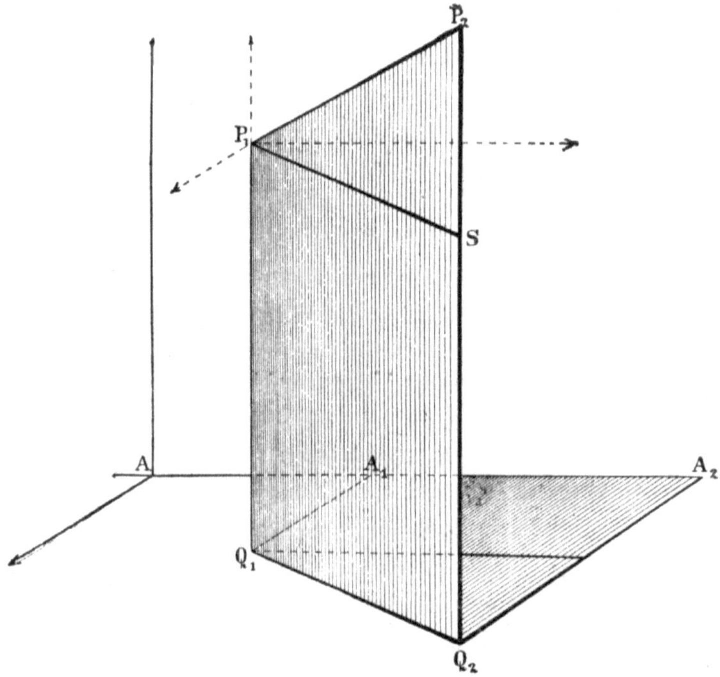

Fig. 4.

Die Gleichungen 2ª) stellen unter der Annahme dass P_1 fest, und $\cos \alpha \ldots$ desgl., dagegen P_2 und damit $x_2 \ldots$ und d variabel, den Strahl $P_1 P_2$ dar; giebt man d auch negative Werte, so erhält man in 2ª) die Gleichungen der Geraden in der Form

7ª) $x = x_1 + d \cos \alpha$ etc., wo nun d ein sog. Parameter (v. T. 1, S. 171). Die Gleichungen 2ª) lassen sich auch schreiben:

$$\frac{x - x_1}{\cos \alpha} = \frac{y - y_1}{\cos \beta} = \frac{z - z'}{\cos \gamma}$$

und wenn o p q drei Zahlen wie in § 3, so hat man in

$$7) \quad \frac{x - x_1}{o} = \frac{y - y_1}{p} = \frac{z - z'}{q}$$

die Gleichungen der geraden Linie, welche durch P_1 geht und deren Richtungskosinus den Zahlen o, p, q proportional sind.

Betrachtet man, wie in T. 1, § 3, einen Punkt $P\{x \ldots$, der die Strecke P_1P_2 im Verhältnis λ teilt, wo λ negativ, wenn P innerhalb, positiv, wenn ausserhalb der Strecke P_1P_2 liegt, so ist wieder nach den Streifensätzen:

$$8) \quad x = \frac{x_1 - \lambda x_2}{1 - \lambda} \ldots$$

Insbesondere ist für die Mitte M von P_1P_2 die Zahl λ gleich -1 und somit:

$$8^a) \quad x_m = \frac{x_1 + x_2}{2} \ldots$$

Die Formeln 8) gelten für jedes beliebige dreiaxige Koordinatensystem.

Beispiel: A, B, C, D seien 4 Punkte im Raum, deren Koordinaten durch die Marken 1 bis 4 unterschieden werden sollen. Der Schwerpunkt σ_1 von BCD ist $\{ \, ^1/_3 (x_1 + x_2 + x_3), \ldots$ Sei S der Punkt, der $A\sigma_1$ von A aus im Verhältnis -3 teilt (so dass $AS = {}^3/_4 A\sigma_1$), dann ist nach 8)

$S\left\{\frac{x_1+3.\,{}^1/_3(x_1+x_2+x_3)}{4}\right.$, d. h. $S\left\{{}^1/_4(x_1+x_2+x_3+x_4)\right.\ldots$

Damit ist u. a. der Satz bewiesen:

Die 4 Schwerlinien eines Tetraeders schneiden sich in einem Punkte und, von der Ecke aus gerechnet, im Verhältnis 3 : 1.

Man sieht sofort, wie der Satz sich durch Schluss von n auf n + 1 auf jede beliebige Konfiguration von Punkten überträgt.

Was in § 3 des ersten Teils über die harmonische Zuordung von Punkten gesagt ist, behält Gültigkeit, nur dass noch zu den Formeln 2), T. 1, die entsprechende für die 3. Koordinate hinzukommt:

9) $(z_1+z_2)(\zeta+\zeta') = 2(z_1 z_2+\zeta\zeta')$.

Auch der Schluss des § 3, T. 1 bleibt, und wenn wir zwischen den Gleichungen 8) die Grösse λ eliminieren, so erhalten wir in

10) $\frac{x-x_1}{x_2-x_1} = \frac{y-y_1}{y_2-y_1} = \frac{z_2-z_1}{z_2-z_1}$

die Gleichungen der Geraden, welche durch die Punkte P_1 und P_2 geht.

Sei P_3 ein Punkt ausserhalb der Geraden $P_1 P_2$ und $A\{x_a\ldots$ irgend ein Punkt auf $\overleftrightarrow{P_1 P_2}$ bestimmt durch 8), dann giebt 8) für irgend einen Punkt $P\{x\ldots$ auf $\overleftrightarrow{P_3 A}$

$$x = \frac{x_a - \lambda' x_3}{1-\lambda'},$$ und da

$$x_a = \frac{x_1 - \lambda x_2}{1-\lambda}, \text{ so wird}$$

$$x = \frac{x_1 - \lambda x_2 - \lambda'(1-\lambda) x_3}{1-\lambda-\lambda'} \cdots$$

und, wenn man $\lambda'(1-\lambda) = \mu$ setzt,

$$11) \quad x = \frac{x_1 - \lambda x_2 - \mu x_3}{1-\lambda-\mu},$$

welcher Gleichung man auch die symmetrische Form geben kann

$$11^a) \quad x = \frac{\alpha x + \beta y + \gamma z}{\alpha + \beta + \gamma} \cdots$$

Indem man λ und λ' bezw. $\alpha\beta\gamma$ als Parameter im Sinne von 1. S. 171 ansieht, welche die Werte von $-\infty$ bis $+\infty$ durchlaufen, erhält man alle Punkte der Ebene $P_1 P_2 P_3$ und 11) bezw. 11^a) sind also die Gleichungen dieser Ebene mittelst 2 Parameter. Eliminiert man zwischen den 3 Gleichungen 11) die Grössen λ und μ, so erhält man die Gleichung der Ebene als eine lineare Form

$$ax + by + cz + d = 0,$$

wo die Konstanten abcd Funktionen der Orte $P_1 P_2 P_3$ sind.

§ 6. Die Ebene.

Der Strahl OP (**Fig.** 2) wird bestimmt durch seine Richtungskosinus. Ist $P\{x \ldots$ und ist die Länge von OP gleich r, so ist die Formel 1 $\{$mit:

$$r = x\cos\alpha + y\cos\beta + z\cos\gamma,$$

welche Formel sich auch unmittelbar daraus ergiebt, dass OP gleich der Projektion des Linienzugs OAP_2P, der sogen. Koordinaten-Umriss von P auf OP ist, bezw. dass die Projektion des geschlossenen Linienzugs OAP_2PO auf jede Gerade, also auch auf OP, wieder geschlossen, d. h. gleich Null ist.

Der Strahl OP bestimmt durch seine Lage vollständig die in O auf OP senkrechte Ebene ε und OP ist der Abstand des Punktes P von ε. Verlängert man OP über O hinaus bis $P' \{ x' \dots$ (Fig. 5), so ist

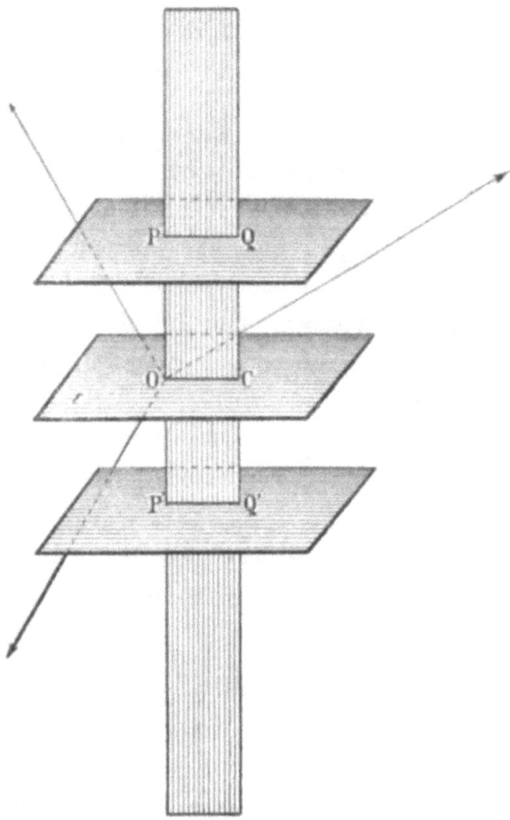

Fig. 5.

$$O P' = x' \cos\alpha' + y' \cos\beta' + z' \cos\gamma'$$
$$= -(x' \cos\alpha + y' \cos\beta + z' \cos\gamma).$$

Wenn wir aber den Gegensatz in der Lage der Punkte P und P' in Bezug auf ε dadurch zum Ausdruck bringen, dass wir den Abstand im ersten Fall positiv, im zweiten Fall negativ setzen, so ist der Abstand r' des Punktes P' von ε:

$$x' \cos\alpha + y' \cos\beta + z' \cos\gamma.$$

Sei jetzt Q (**Fig.** 5) ein Punkt $\{\xi \ldots$, auf derselben Seite von ε wie P, man fälle von Q auf ε das Loth QC, und mache OP = QC, dann ist OPQC ein Rechteck, PQ steht auf OP gleich CQ senkrecht, und es gilt 6); dabei sind die Richtungskosinus von QP: $\frac{\xi - x}{QP} \ldots$, somit geht 6) über in:

$$(\xi - x) \cos\alpha + \ldots = 0,$$

der man auch die Form geben kann:

$$\xi \cos\alpha + \eta \cos\beta + \zeta \cos\gamma = x \cos\alpha + y \cos\beta + z \cos\gamma$$
$$= r = QC = q,$$

wo q den Abstand des Punktes Q von ε bezeichnet. Liegt ein Punkt Q' mit P' auf derselben Seite von ε, so erhält man wieder

$$\xi' \cos\alpha' + \ldots = r' = q',$$

nur dass in diesem Falle q' negativ ist.

Sind also xyz die Koordinaten irgend eines Punktes oder Ortes P, so ist

$$x \cos\alpha + y \cos\beta + z \cos\gamma \text{ oder } H(x, y, z)$$

eine Funktion des Ortes P, welche den mit seinem Zeichen versehenen Abstand des Punktes P von der Ebene ε darstellt.

Auf der Ebene ε und nur auf ε ist H sowohl + als —, d. h. Null, was auch unmittelbar aus 6) hervorgeht, somit ist

$$H = x \cos \alpha + y \cos \beta + z \cos \gamma = 0$$

die Gleichung von ε und die Seite von OP die positive, die von OP' die negative von ε, weil die Form H auf der Seite von P positiv, auf der von P' negativ, auf ε Null ist, und diese Beziehungen nach dem Prinzip von Drobisch-Möbius (T. 1, S. 12) umkehrbar.

Da nach Festsetzung des Zeichens r denselben Wert hat für die Punkte der durch P zu ε parallelen Ebene η und nur für diese, so ist

$$x \cos \alpha + \ldots - r = 0$$

die Gleichung von η. Legt man durch P' zu ε die Parallelebene η', so ist ihre Gleichung zunächst

$$x \cos \alpha + \ldots - r' = 0, \text{ diese ist}$$

$$\{ \text{mit } x \cos (\pi - \alpha) + \ldots - | r' | = 0;$$

aber $\pi - \alpha \ldots$ sind wieder die Winkel, welche OP' mit den Axen bildet, und $| r' |$ ist die absolute Länge von OP', somit sieht man: die Gleichung jeder Ebene ε kann die Form annehmen

12) $$x \cos \alpha + y \cos \beta + z \cos \gamma - n = 0,$$

wo n die stets absolut genommene Länge der Normale von O auf ε ist, und $\alpha \ldots$ die Winkel, welche diese Normale von O ausstrahlend mit den Axen bildet. Die Form 12), kurz mit H bezeichnet, heisst die Hesse'sche oder Normalform der Ebene (T. 1, S. 33).

Setzt man in die Form H von ε die Koordinaten irgend eines ortsfremden Punktes Q $\{ x_q \ldots$, so ist

$$H = x_q \cos \alpha + \ldots - n;$$

die 3 ersten Glieder geben den algebraischen Abstand $\pm d$ des Punktes Q von der durch O zu ε gelegten Parallele π; er ist sicher $+d$ und $> n$, wenn π und Q an verschiedenen Seiten von ε liegen; $H_q = d - n$ ist dann auch positiv und gibt den Abstand des Punktes Q von ε. Liegt Q zwischen ε und π, so ist $H_q = d - n$, aber $n > d$, also $H_q = -(n - d)$; setzen wir fest, dass Q in diesem Falle negativen Abstand von ε haben soll, so ist $H_p = -(n - d)$ dieser Abstand. Liegt π zwischen Q und ε, so hat Q negativen Abstand von π, und es ist

$$H_q = -d - n = -(d + n);$$

giebt man auch in diesem Falle dem Abstand des Punktes Q, der absolut betrachtet $d + n$ ist, das Zeichen —, so ist H_q auch in diesem Falle der Abstand des Punktes Q von ε. Man kann die Zeichenregel vereinfachen: Q habe positiven oder negativen Abstand von ε, je nachdem Q und O an entgegengesetzten oder gleichen Seiten von ε liegen. Alsdann giebt H_q in allen Fällen den mit seinem Zeichen versehenen Abstand des Punktes Q von ε.

Die Seite der Ebene, auf der der Nullpunkt nicht liegt, heisst die positive, die andere die negative. Dass bei dieser Festsetzung O von jeder Ebene, die nicht durch O selbst geht, negativen Abstand hat, ist eine natürliche Konsequenz davon, dass wir n stets positiv nehmen. Denn wenn wir PO, das von P auf π gefällte Loth positiv nehmen, müssen wir OP, das Loth von O auf ε, negativ nehmen.

§ 7. Die allgemeine Form der Gleichung der Ebene.

Die Gleichung der Ebene in Hesse'scher Form ist vom 1. Grade in den Koordinaten jedes ihrer Punkte (lineare Funktion des Ortes), umgekehrt stellt jede in Punktkoordinaten lineare Gleichung eine Ebene dar. Sei $U = ax + by + cz + d = 0$ die lineare Gleichung, man multipliziere sie, — wodurch ihre Valenz (T. 1. § 4 . . .) nicht geändert wird — mit einem von x, y, z unabhängigen Faktor μ, dann können wir setzen:

$$\mu a = \cos\alpha;\ \mu b = \cos\beta;\ \mu c = \cos\gamma,\ \mu d = -n$$

und μ so bestimmen, dass 1) die Gleichung 3 erfüllt wird, dies gibt $\mu = \sqrt{a^2 + b^2 + c^2} = \pm w$ und 2) das Zeichen der Wurzel so bestimmen, dass μd negativ ist. Dann wird durch diese Gleichungen nach § 3 eine ganz bestimmte Normale OP und damit auch Eine, auf OP in P senkrechte Ebene ε bestimmt, deren Gleichung $U = 0$ ist. Die Bestimmung von μ wird zweideutig, wenn d selbst zweideutig, d. h. 0 ist, die Ebene ε durch O geht. Dies liegt in der Natur der Sache, denn wenn man, statt wie in § 6 von der Normale OP, umgekehrt von der Ebene ε durch O ausgeht, ist es willkürlich, welchen von den Strahlen OP und OP' man als die Normale zu ε ansieht. Wir setzen fest, dass es derjenige sei, für den μ das + Zeichen hat, also gleich w ist. Die Seite von ε, auf der die Normale liegt, heisst die positive, und dann bleibt die Bedeutung von H_q auch für diesen Fall bestehen, und $\frac{U_q}{w}$ gibt für den ortsfremden Punkt Q den mit seinem Zeichen versehenen Abstand von der Ebene $U = 0$.

Ein besonderes Interesse hat die Form $A = ax + by + cz - 1 = 0$, denn setzt man darin z. B. $x = 0$, $z = 0$, so wird $y = b^{-1}$, d. h. man hat in A die Axenform der Ebene (T. 1. S. 24) und a b c sind die reciproken Werte der Stücke, welche die Ebene $A = 0$ auf den Axen abschneidet. Die Form A ist wieder von den Winkeln der Koordinatenebenen unabhängig. A geht in H über durch Division mit $+\sqrt{a^2+b^2+c^2}$. Sind a, b, c, in der Form A alle drei 0, so rückt die Ebene mit 3 Punkten ins Unendliche, ihre Gleichung nimmt die paradoxe Form an: $-1 = 0$. Diese Gleichung ist für keinen Punkt im Endlichen richtig, man kann sie daher oder die ihr äquivalente $d = 0$ (d konstant) als die Gleichung einer unendlich-fernen Ebene ansehen (vgl. T. 1 S. 49.). Sei B irgend ein Punkt im Unendlichen, d. h. ein Punkt, für den mindestens eine der Koordinaten, z. B. x_b über jedes Mass gross ist, so dass $x_b + d \{ x_b$, wir können dies so auslegen, als genüge B der Relation $d = 0$. Wie wir annehmen, alle unendlich-fernen Punkte der Ebene liegen auf Einer Geraden, so können wir jetzt alle unendlich fernen Punkte im Raum auf Einer Ebene, der Ebene $d = 0$, der Unendlich-fernen Ebene annehmen.

§ 8. Gerade und Ebene, Ebene und Ebene, Gerade und Gerade.

Sei g eine Gerade, gegeben durch einen Punkt A und ihre Richtung und ε eine Ebene, bestimmt durch ihre Normalform; es soll der Schnittpunkt S $\{\xi \eta \zeta$ bestimmt werden. A liege auf der positiven Seite von ε, dann ist (§ 5) $\xi = x_1 - r\cos\alpha \ldots$ Zur Bestimmung von r fällt man von A auf ε das Loth AB und verbindet AB mit S, da dies Loth nach § 7 H_a ist, so ist $r = H_a : \cos v$, wo v der Winkel ist, den g in der Richtung SA mit der Normalen von ε bildet. Dieser Winkel ist das Komplement des Neigungswinkels zwischen g und ε. Ist $H = \cos\alpha' x + \ldots$, so ist $\cos v = \sin i = \cos\alpha \cos\alpha' + \ldots$ nach Formel 5. Liegt A auf der negativen Seite von ε, so wechselt r das Zeichen, aber H ebenfalls, so dass allgemein für den Schnittpunkt:

$$\xi = x_a - \frac{H_a}{\sin i}\cos\alpha \ldots\ldots,$$

wenn $\sin i = 0$, ist $g \,//\, \varepsilon$, ist dann noch $H_a = 0$, so liegt g in ε.

Ist Q irgend ein Punkt, so ist die algebraische Länge des von ihm auf ε gefällten Lothes H_q, die Gleichungen des Lothes sind, da dasLoth der Normale OP parallel ist: $\frac{x - x_q}{\cos\alpha} = \frac{y - y_q}{\cos\beta} = \frac{z - z_q}{\cos\gamma}$. Hat man für ε die Form U, so werden diese Gleichungen: $\frac{x - x_q}{a} = \ldots.$

Seien ε_1 und ε_2 zwei Ebenen, ihre Schnittgerade s zu finden. Für ε_1 und ε_2 seien die Normalformen gegegeben, die wir abgekürzt schreiben: $\alpha x + \beta y + \gamma z - n = 0$, $\alpha' x \ldots.$ Die Richtungskosinus von s gibt die Thatsache, dass s auf beiden Normalen senkrecht steht, also, wenn wir die Kosinus von s, u, v, w nennen:

$$\alpha u + \beta v + \gamma w = 0;\ \alpha' u + \beta' v + \gamma' w = 0;$$
$$u^2 + v^2 + w^2 = 1.$$

Wir bezeichnen ein für allemal die Differenz

$pq' - qp'$ mit $[pq']$. Dann geben die beiden ersten Gleichungen: $u = \lambda [\beta\gamma']$; $v = \lambda [\gamma\alpha']$; $w = \lambda [\alpha\beta']$ und die 3. gibt für λ nach Formel 4 § 4: $\lambda = (\sin i)^{-1}$, wo i den Winkel zwischen den Normalen und also auch zwischen den Ebenen bezeichnet. Statt u v w kann man nach § 4 auch tu tv tw setzen, sind ε und ε_1 in allgemeiner Form gegeben, so sind die Richtungsfaktoren ihrer Schnittgeraden: $[bc']$; $[ca']$; $[ab']$. Am bequemsten bestimmen sich die Koordinaten eines Punktes, in denen s eine der Koordinatenebenen, z. B. die xz-Ebene schneidet. Für diesen ist

$$x = \frac{[\gamma n']}{[\gamma\alpha']}; \quad y = 0; \quad z = \frac{[n\alpha']}{[\gamma\alpha']}.$$

Wenn $\sin i = 0$, so sind $[\alpha\beta'] \ldots$ alle 3 Null, die Richtung von s wird unbestimmt, und die Punkte, in denen sie die xy ... Ebenen schneidet, liegen im Unendlichen, also rückt s ins Unendliche, die Ebenen haben ihre Unendlich ferne Gerade gemeinsam, sie sind parallel. Wir haben also als Bedingung des Parallelismus zweier Ebenen:

13) $\frac{\alpha}{\alpha'} = \frac{\beta}{\beta'} = \frac{\gamma}{\gamma'}$ bezw. $\frac{a}{a'} = \frac{b}{b'} = \frac{c}{c'}$,

wenn die Ebenen in der allgemeinen Form gegeben sind, da der konstante Faktor $\mu : \mu'$ weggelassen werden kann.

Wenn zwei Ebenen auf einander senkrecht stehen, so stehen auch ihre Normalen auf einander senkrecht. Dies gibt als Bedingung

14) $aa' + bb' + cc' = 0$.

Allgemein wird der Neigungswinkel zweier Ebenen gegeben durch

$$15)\quad \cos v = \frac{a a' + b b' + c c'}{\mu \mu'},$$

wo die Zeichen von μ und μ' sich nach den in § 7 gegebenen Regeln bestimmten.

Sind g und g' zwei Gerade, bestimmt je durch einen Punkt und die Richtung, so ist zunächst analytisch ebenfalls klar, dass die Geraden sich im Allgemeinen kreuzen werden, da zur Bestimmung der 3 Unbekannten 4 Gleichungen vorhanden, so dass also eine Bedingung zwischen den Konstanten von g und g' erfüllt sein muss; wohl aber besitzen die Geraden stets einen kürzesten Abstand d, der im Allgemeinen, in der Richtung von g nach g' genommen, mit den Axen ganz bestimmte Richtungskosinus u v w bildet. Da d auf g und g' senkrecht steht, so haben wir zur Bestimmung von u v w dieselben Gleichungen wie für s, nur dass i den Winkel zwischen g und g' bedeutet (gleichgiltig, ob spitz oder stumpf, da nur der Sinus vorkommt). Da d der Abstand der beiden parallelen Ebenen ist, welche wir durch g || g' und durch g' parallel zu g legen können, so ist

$$d = n_2 - n_1 = (x_2 - x_1)\,u + (y_2 - y_1)\,v + (z_2 - z_1)\,w$$

oder

$$d \sin i = (x_2 - x_1)\,[\beta\gamma'] + (y_2 - y_1)\,[\gamma\alpha'] + (z_2 - z_1)\,[\alpha\beta']$$

und die Bedingung, dass die beiden Geraden sich schneiden, ist:

$$16)\quad (x_2 - x_1)\,[\beta\gamma'] + \ldots = 0,$$

in welcher Formel $\alpha \ldots \alpha' \ldots$ durch proportionale Zahlen $o \ldots o' \ldots$ (§ 4) ersetzt werden können.

Die Gleichung 16) ist sicher erfüllt, wenn wir

$x_2-x_1=\lambda\alpha$ oder $\lambda\alpha'$ setzen, da dies bedeutet, dass x_2 auf g bezw. x_1 auf g' liegt (§ 4; 7[a]); es ist daher identisch:

16[a]) $\alpha[\beta\gamma'] + \ldots$ oder $\alpha'[\beta\gamma'] + \ldots = 0$.

Aus 16) folgen sofort die Gleichungen einer Geraden l von bestimmter Richtung, welche zwei gegebene Geraden g und g' schneidet. Ist $\xi\eta\zeta$ ein Punkt von l, sind o p q die Richtungsfaktoren, so sind nach 16) die Gleichungen von l:

17) $(\xi-x_1)[\beta q] + \ldots = 0$; $(\xi-x_2)[\beta' q] + \ldots = 0$,

wo also $[\beta q] = \beta q - \gamma p$ ist. Setzt man für o, p, q: $\lambda[\beta\gamma'] \ldots$, so ist l die gemeinsame Senkrechte. Um den Schnittpunkt von l mit g oder g' zu finden, hat man nur nötig, Eine der Gleichungen 17 mit denen von g oder g' zu kombinieren.

Sieht man in einer der Gleichungen 17, z. B. der ersten, $\xi\eta\zeta$ als variabel an, so stellt sie eine Ebene dar, welche die Gerade g enthält, denn diese Ebene enthält den Punkt $x_1 \ldots$, und wenn x ein anderer Punkt von g, so ist $x-x = \lambda\alpha \ldots$, und damit die Gleichung auch von $x \ldots$ erfüllt.

Ist ausser der Geraden g noch ein Punkt A $\{ x_a$ ausserhalb g gegeben, so kann man als Gerade o p q die Gerade ansehen, welche A mit dem Punkt $x_1 \ldots$ verbindet, dann sind $o_1 \ldots$ proportional $x_a-x_1 \ldots$ und man erhält als Gleichung der Ebene durch g und A

18) $(\xi-x_1)[\beta(z_a-z_1)] + \ldots = 0$.

Ist g eine der Axen, z. B. die y-Axe, so sind

α und $\gamma = 0$, $\beta = 1$; $x_1\, y_1\, z_1$ können = Null gesetzt werden, und man erhält

18[a]) $\zeta x_a - \xi z_a = 0$ oder $[\zeta x_a] = 0$,

was man auch direkt ableiten kann.

Ist g durch einen zweiten Punkt x_2 .. gegeben, so sind α .. proportional $x_2 - x_1$, und somit ist

19) $(\zeta - x_1)\,[(y_2 - y_1)\,(z_a - z_1)] + \ldots . = 0.$

Die Gleichung der Ebene durch die 3 gegebenen Punkte und die Elimination vom Schluss des § 5 ist ohne Rechnung vollzogen.

§ 9. Die gerade Linie in Linienkoordinaten.

Setzt man in 18) für $x_a\, y_a\, z_a$ Null, d. h. legt man durch die Gerade g und den Nullpunkt die Ebene (O, g), so erhält man

18[b]) $(\xi - x_1)\,[y_1\, \gamma] + \ldots = 0.$

Die Grössen $(y_1\, \gamma - z_1\, \beta)$; $(z_1\, \alpha - x_1\, \gamma)$; $(x_1\, \beta - y_1\, \alpha)$ sind also den Richtungskosinus der Ebene (O g) proportional.

Legt man durch g eine Ebene, welche einer der Axen, z. B. x parallel ist, so ist $o = 1$; $p = 0$, $q = 0$ und 19 geht über in

$(\eta - y')\,\gamma - (\zeta - z')\,\beta = 0$, oder $\eta\gamma - \zeta\beta = y'\gamma - z'\beta = a.$

Kombiniert man diese Gleichung mit der Gleichung $x = 0$, so stellt sie die Gerade dar, in welcher die Parallelebene durch g zur x-Axe die y z-Ebene schneidet, d. h. die Projektion der Geraden auf die yz-Ebene. Wir haben also als Gleichungen der 3 Projektionsebenen das System

20) $\eta\gamma - \zeta\beta = a$; $\zeta\alpha - \xi\gamma = b$; $\xi\beta - \eta\alpha = c$,

worin α; β; γ; den 3 Richtungskosinus der Geraden g; a; b; c; den 3 Richtungskosinus der Ebene (0g) proportionale Zahlen sind. Durch zwei von diesen Gleichungen ist (was a priori klar) die 3. bestimmt, da identisch

21) $a\alpha + b\beta + c\gamma = 0$.

Die 6 Grössen $\alpha \ldots$ a ..., zwischen denen 21) besteht, bestimmen die Gerade g, es sind daher Koordinaten von g, sie heissen speziell Linienkoordinaten (Plücker), sie empfehlen sich durch die Allgemeinheit ihrer geometrischen Bedeutung für die Gerade. Da die Ebenen 20) durch Multiplikation der Gleichungen 20) mit einem beliebigen Faktor sich nicht ändern, so hängt die Lage der Geraden nur von den Verhältnissen der Grössen ab, z. B. $\frac{\gamma}{a}$; $\frac{\beta}{a}$ ..., und da zwischen diesen 5 Grössen noch 21) besteht (in der Form

$$a + b\frac{\beta}{a} + \ldots = 0),$$

so sind nur 4 von ihnen beliebig, und wir haben im Raum eine ∞^4fache Schaar von Geraden.

Ist die Gerade in Linienkoordinaten gegeben, so ist es leicht, die Koordinaten von zwei ihrer Punkte auszudrücken; schneidet die Gerade g z. B. die xy-Ebene in C und die zx-Ebene in B (Fig. 6), und projiziert man BC in B′C′ auf die x-Axe, so ist C′ der Punkt, in welchem die Projektion von g auf die zx-Ebene die x-Axe schneidet, also $OC' = -\frac{b}{\gamma}$, ebenso $OB' = \frac{c}{\beta}$, also Punkt $C\left\{-\frac{b}{\gamma};\ \frac{b\beta + c\gamma}{-\alpha\gamma};\ 0.\right.$ $\Big[$C ist ein Punkt der Projektion von g auf die x y-Ebene, und gehört zu $\xi = -\frac{b}{\gamma}\Big]$ und ebenso $B\left\{\frac{c}{\beta};\ 0;\ \frac{b\beta + c\gamma}{\alpha\beta}\right.$.

Der Zusammenhang zwischen den Linienkoordinaten und der Bestimmung der Geraden durch einen Punkt und die Richtungsfaktoren ist evident; ist die Gerade durch zwei Punkte gegeben, so sieht man, dass

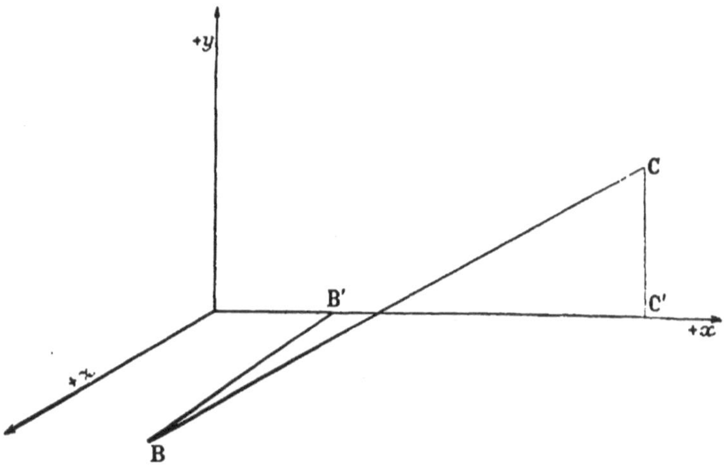

Fig. 6.

$$22)\quad \frac{\alpha}{x_2 - x_1} = \frac{\beta}{y_2 - y_1} = \frac{\gamma}{z_2 - z_1} = \frac{a}{[y_1\, z_2]} = \frac{b}{[z_1\, x_2]} = \frac{c}{[x_1\, y_2]}.$$

Hieraus ergiebt sich z. B. die Bedingung 16), dass zwei Gerade α.. und α'... sich in Einem Punkte schneiden, in Linienkoordinaten — [wenn man den Schnittpunkt selbst als x_2 wählt]

$$16^{a})\quad \alpha\alpha_1 + \beta\beta_1 + \gamma\gamma_1 + a\,a_1 + b\,b_1 + c\,c_1 = 0,$$

also in sehr übersichtlicher Form.

Jede Gleichung zwischen den 6 Linienkoordinaten hebt aus der ∞^4fachen Schaar aller Geraden eine ∞^3fache Schaar heraus, welche Linien- oder Strahlen-Komplex heisst. Ist diese Gleichung vom ersten Grad, so heisst der Strahlenkomplex: linear. Zu bemerken ist, dass, da die Gerade durch die Verhältnisse der Koordinaten bestimmt ist, die Gleichung, welche den Komplex definiert, selbst nur von den Verhältnissen abhängig (homogen) sein darf.

Sei der Komplex definiert durch die Gleichung

23) $d_1 \alpha + d_2 \beta + d_3 \gamma + \delta_1 a + \delta_2 b + \delta_3 c = 0$,

wo d und δ Konstanten sind: Damit eine Gerade des Komplexes durch den Punkt P $\{ x_1 \ldots$ gehe, muss 23) mit 22) kombiniert werden. Dies giebt

24) $d_1 (x - x_1) + \ldots \delta_1 [y z_1] + \ldots = 0$.

24) ist in x, y, z, linear und ist erfüllt, wenn $x = x_1 \ldots$, sie stellt also eine Ebene ε dar, welche durch P geht; also:

In jedem linearen Strahlenkomplex gehen durch jeden Punkt ∞^2 viele Strahlen des Komplexes, welche eine Ebene bilden.

Die Ebene ε heisst dem Punkt P zugeordnet. Man kann auch sagen, alle Strahlen (des Komplexes), welche in ε liegen, schneiden sich in P, und so gehört zu ε wieder P, zu jeder Ebene ist Ein Punkt zugeordnet, (ausser wenn jede Gerade in ε zum Komplex gehört). Man kann dies durch die Rechnung bestätigen.

Es sei $\varepsilon \{ ux + vy + wz - 1 = 0$; g_1 und g_2 zwei Strahlen in ε, P ihr Schnittpunkt, dann liegen alle Strahlen von P auf ε und die Gleichung von ε ist

{ 24), das gibt zur Bestimmung von P die Gleichungen

$$(d_1 - \delta_2 z_1 + \delta_3 y_1) = u(d_1 x_1 + d_2 y_1 + d_3 z_1)$$
$$(d_2 - \delta_3 x_1 + \delta_1 z_1) = v(d_1 x_1 + d_2 y_1 + d_3 z_1)$$
$$(d_3 - \delta_1 y_1 + \delta_2 x_1) = w(d_1 x_1 + d_2 y_1 + d_3 z_1)$$

wodurch $x_1\, y_1\, z_1$ im allgemeinen eindeutig bestimmt sind. Das System enthält nichts, was den Geraden g_1 und g_2 eigentümlich ist, und gilt somit für alle, es schneiden sich also alle Strahlen des Komplexes auf ε in P. Die Strahlen des Komplexes durch einen Punkt erfüllen eine Ebene, die Strahlen einer Ebene wieder einen Punkt; man betrachtet die Strahlen durch eine Gerade g.

Seien A und B zwei Punkte auf g, und α und β ihre konjugierten Ebenen, sei P ein Punkt auf der Schnittlinie s von α und β, dann sind AP und BP Strahlen, also auch PA und PB; die Ebene von P, sie sei π, geht also durch A und B und somit durch g. Ist also C irgend ein Punkt auf g, so ist PC ein Strahl, folglich auch QC, wenn Q ein anderer Punkt auf s ist, also geht die Ebene γ von C wieder durch s, d. h.: Jeder Strahl des Komplexes, welcher g schneidet, schneidet auch s und umgekehrt. Der Geraden entspricht also wieder eine Gerade. (Dualitätsprinzip.) Man kann auch sagen: Liegen die Punkte A, B, C ... auf Einer Geraden g, so schneiden sich ihre Ebenen α, β, γ .. auch in Einer Geraden s, der Konjugierten von g.

Seien A B C D die Ecken eines Tetraeders, $\alpha\ \beta\ \gamma\ \delta$ ihre konjugierten Ebenen, $\beta\ \gamma\ \delta$ schneiden sich in S_1 etc., dann sind S_1 B; S_1 C; S_1 D Strahlen [weil B S_1 etc. Strahlen sind], also liegen sie in einer Ebene σ, also liegt S_1 in BCD und der Tetraeder $S_1 S_2 S_3 S_4$ ist dem Tetraeder ABCD zugleich um- und eingeschrieben. Diese merkwürdige Beziehung ist von Möbius entdeckt.

II. Abschnitt.

Das Dualitätsprinzip.

---

§ 10. Der Ebenenbüschel.

Seien $H_1 = 0$ und $H_2 = 0$ die Gleichungen zweier Ebenen ε_1 und ε_2 in Normalform (§ 6) und P ein beiden Ebenen ortsfremder Punkt. Die Substitution der Koordinaten von P in die Form H werde durch H^p bezeichnet; sie liefert den (algebraischen) Abstand zwischen P und ε. Nennt man diese Abstände p_1 und p_2, so ist $p_1 = H_1^p$; $p_2 = H_2^p$; es sei $p_1 : p_2 = \lambda$. Sieht man in dieser Gleichung λ als feste Zahl an, P aber und seine Koordinaten als bis auf die Bindung durch die Gleichung unbeschränkt variabel, (was man durch Weglassung der Marke p in den Formen H andeutet), so ist $H_1 - \lambda H_2 = 0$ die Ortsgleichung des Punktes P. Diese Gleichung ist als lineare die Gleichung $U_3 = 0$ einer Ebene ε_3, und da, wenn H_1 und H_2 zugleich verschwinden, U_3 von selbst verschwindet, so geht ε_3 durch die Schnittgerade von ε_1 und ε_2. Man vergleiche T. 1 § 8, die Betrachtungen sind fast wörtlich dieselben, nur dass statt „Gerade" Ebene gesetzt wird. Die Fig. 7 zeigt sofort, dass $\frac{p_1}{p_2} = \frac{\sin(31)}{\sin(32)} = \lambda$ ist, wenn (analog T. 1) (31) etc. den Neigungswinkel zwischen den Ebenen bezeichnet. Dieser Sinusquotient heisst wieder das Teilungsverhältnis des Winkels (12) der Ebenen ε_1 und ε_2 durch ε_3. Wir haben also den Satz:

Der Ort der Punkte, deren Abstände von zwei festen Ebenen ein festes Verhältnis haben, ist eine Ebene durch ihre Schnittgerade.

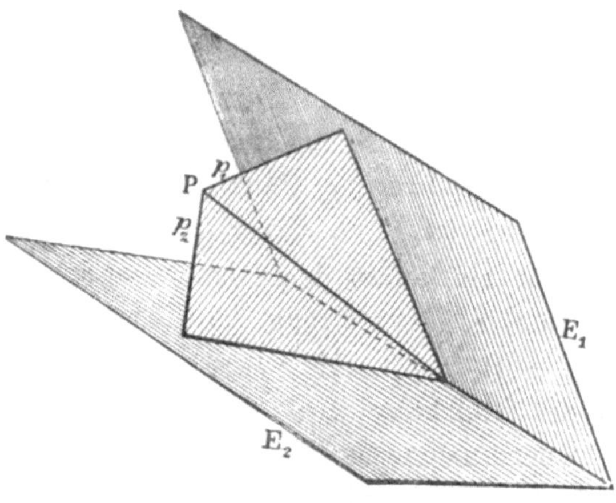

Fig. 7.

Umgekehrt teilt jede Ebene ε_3 durch die Schnittgerade von ε_1 und ε_2 den Winkel (12) in bestimmtem Teilungsverhältnis λ, und für jeden Punkt auf ε_3 ist $\frac{p_1}{p_2} = \lambda$, somit muss $U_3 = H_1 - \lambda H_2 = 0$ die Gleichung von ε_3 sein. Der Beweis kann auch wie in T. 1 geführt werden. $U_3 = a_3 x + b_3 y + c_3 z + d_3$; bestimmt man 2 Zahlen σ und τ, so dass

$$a_3 = \sigma \alpha_1 + \tau \alpha_2; \quad b_3 = \sigma \beta_1 + \tau \beta_2,$$

so ist $U_3 = \sigma H_1 + \tau H_2 + fz + g$. Soll nun U_3 durch $(H_1 H_2)$ gehen, so muss $fz + g$ für die unzähligen z aller Punkte dieser Geraden verschwinden, das ist nur möglich, wenn $f = 0$ und $g = 0$ ist, d. h. $U_3 = \sigma H_1 + \tau H_2$, also $U_3 = 0$ (T. 1 § 4 Schluss) $\{ H_1 - \lambda H_2 = 0$.

Die Ebenen ε_1 und ε_2 teilen den Raum in 4 Fächer, die zu je zwei und zwei als Scheitelräume gleich sind; in dem einen Paar, wir wollen sie den Aussenraum nennen, haben die Abstände gleiches Zeichen, in dem andern Paar, dem Innenraum, entgegengesetztes. Dreht sich ε_3 im Innenraum von ε_1 nach ε_2, so nimmt λ fortwährend ab von -0 bis $-\infty$, dreht sich ε_3 dann weiter durch den Aussenraum von ε_2 nach ε_1, so nimmt λ ab von $+\infty$ bis $+0$. Es gehört also zu jeder Ebene ε_3 Ein λ und zu jedem λ wieder diese Ebene. Man nennt eine solche Schaar von Ebenen ein Ebenenbüschel, die gemeinsame Gerade heisst der Träger des Büschels, die Grösse λ der Parameter.

Zu jedem Wert des λ im Innenraum gibt es einen entgegengesetzt gleichen im Aussenraum, die zusammengehörigen Ebenen ε_3 und ε_4 heissen konjugiert. Man sagt, ε_1 und ε_2 werden durch ε_3 und ε_4 harmonisch getrennt, da, wie T. 1 bewiesen, auch umgekehrt ε_3 und ε_4 durch ε_1 und ε_2 harmonisch getrennt werden, so sind auch ε_1 und ε_2 konjugiert, und die 4 Ebenen, deren Gleichungen

1) $H_1 = 0$; $H_2 = 0$; $H_1 - \lambda H_2 = 0$; $H_1 + \lambda H_2 = 0$

bilden ein harmonisches System. Die Harmonie der Ebenen wird auch ausgedrückt durch die Gleichung

2) $\frac{\sin(31)}{\sin(32)} + \frac{\sin(41)}{\sin(42)} = 0.$

Sind die Gleichungen der Ebenen ε_1 und ε_2 nicht in Normalform gegeben, sondern in allgemeiner, so bleiben die Gleichungen des harmonischen Systems bestehen. Von 2) versteht sich das von selbst, aber auch

1a) $U_1 = 0;\ U_2 = 0;\ U_1 - K U_2;\ U_1 + K U_2$

sind die Gleichungen eines harmonischen Systems, denn da $\mu U = H$ — (§ 7), so ist dies System äquivalent mit:

$$\mu_1 U_1 = 0;\ \mu_2 U_2 = 0;\ \mu_1 U_1 - \frac{\mu_1 K}{\mu_2} \cdot \mu_2 U_2;$$

$$\mu_1 U + \frac{\mu_1 K}{\mu_2} \cdot \mu_2 U$$

$$\{ H_1 = 0;\ H_2 = 0,\ H_1 - \lambda H_2;\ H_1 + \lambda H_2$$

und dies ist nach 1) harmonisch.

Es bleiben die Sätze des T. 1 § 8 mit der angegebenen Vertauschung alle bestehen, wir beweisen nur den Hauptsatz:

Ein harmonisches Ebenen-System wird von jeder Ebene, die nicht zum Büschel gehört, in 4 harmonischen Strahlen geschnitten.

Die Ebenen seien $U_1; U_2; U_1 - \lambda U_2; U_1 + \lambda U_2$, die 5. Ebene sei V, dann ist ohne weiteres klar, dass die 4 Schnittgeraden sich auf dem Träger des Büschels schneiden, also einem ebenen Strahlenbüschel angehören. Wählt man die Ebene $V = 0$ zur zx-Ebene, so erhält man die Schnittgeraden dadurch, dass man in den 4 Formen der Ebenen $y = 0$ setzt, somit sind ihre Gleichungen $u_1 = 0;\ u_2 = 0;\ u_1 - \lambda u_2 = 0;\ u_1 + \lambda u_2 = 0$, d. h. aber die 4 Geraden sind harmonisch.

Ein ausgezeichnetes System ist wieder das, in dem λ den Wert 1 hat, ε_3 und ε_4 die beiden Halbierungsebenen der Raumwinkel zwischen ε_1 und ε_2 sind.

Aus dem eben bewiesenen Satz ergiebt sich sofort der Satz:

Ein harmonisches Ebenensystem wird von einer Geraden in einem harmonischen Punktsystem geschnitten. (Jede Ebene durch g schneidet das Ebenensystem in 4 harmonischen Strahlen, und das Punktsystem ist ein Schnitt dieses Büschels.)

Diese Sätze sind umkehrbar: Sind A B C D vier harmonische Punkte und legt man durch Eine Gerade und die 4 Punkte die 4 Ebenen (man sagt: Projiziert man die 4 Punkte von einer Geraden aus) α, β, γ, δ, so bilden diese ein harmonisches System. Die Koordinaten der harmonischen Punkte sind:

$$x_a \ldots\ldots x_b \ldots\ldots \frac{x_a - \lambda x_b}{1-\lambda} \ldots \frac{x_a + \lambda x_b}{1+\lambda} \ldots\ldots$$

(§ 5 in T. 1 § 3) und die Formeln 18 § 8 beweisen den Satz, oder noch einfacher 18[a]), da man jede Gerade, also auch g als y-Axe ansehen kann.

Beispiel zu Formel $U_3 = H_1 - \lambda H_2$.

Es seien $\varepsilon_1\, \varepsilon_2\, \varepsilon_3$ drei Ebenen, welche ein Dreikant SABC bilden. SA, SB, SC seien die Kanten, SAB $= \varepsilon_3 \ldots$ Man wähle den Anfangspunkt im Innern des Dreikants, dann sind $\varepsilon_1 - \varepsilon_2 = 0 = H_3$; $\varepsilon_2 - \varepsilon_3 = H_1$; $\varepsilon_3 - \varepsilon_1 = H_2$; die Halbierungsebenen η_3; η_1; η_2; der drei (Inneren) Keile oder Winkel des Dreikants γ, α, β [γ der Winkel zwischen den Seitenflächen ε_1 und ε_2, die sich in der Kante SC schneiden, . . .]. Da $H_1 + H_2 + H_3 = 0$, so schneiden sich die Ebenen in einer Geraden. Die Sätze über die Drei- und Vielkante gewinnen an Anschaulichkeit, wenn man sie auf die Kugel überträgt, welche man um den Scheitel S des Vielkants mit beliebigem Radius, den man als Längeneinheit wählt, schlägt; den sogenannten Kugelschnitt des Vielkant. Es kommt das darauf hinaus, die Ebenen des Büschels von einem beliebigen Punkt des Trägers S aus auf eine Kugel mit Centrum S zu projizieren; die Ebenen des Büschels projizieren sich dann auf die Kugel als eine Schar von Meridianen, d. h. Hauptkreisen mit gemeinsamem Durchmesser (auf dem Träger des Büschels). Da für alle diese Hauptkreise der Kugelradius derselbe bleibt, so unterscheiden sie sich nur durch die verschiedenen Gleichungen der Ebenen des Büschels und können daher mit denselben Formen bezeichnet werden. Den Hauptkreis nennen wir Kugelgerade, seine Hälfte (Kugel-) Strahl; einen Bogen desselben, der kleiner als der Halbkreis: (Kugel-) Strecke, und als Länge desselben setzen wir den Sinus seines Centrumwinkels bezw. seiner Amplitude. Der eben bewiesene Satz heisst dann:

Im sphärischen Dreieck schneiden sich die Halbierungslinien der drei Winkel in einem Punkte, dem sph. Mittelpunkt des Inkreises.

(Heisst dieser μ, so ist sein Gegenpunkt μ' ebenfalls Centrum des Inkreises, da auf der Kugel jeder Kreis 2 Centren hat.) Wir brauchen den Satz für die Nebenräume nicht erst zu beweisen, denn wenn wir den Gegenpunkt von A durch A′ zeichnen, so ist BCA′ auch ein sphärisches Dreieck, und hat daher auch eine Mitte des Inkreises. [Es ist: $(\varepsilon_1 + \varepsilon_3) + (\varepsilon_2 - \varepsilon_3) - (\varepsilon_1 + \varepsilon_2) = 0$.] Bilden wir $H = \varepsilon_1 + \varepsilon_2 + \varepsilon_3$, so ist $H = 0$ die Gleichung einer Ebene bezw. einer Kugelgeraden η, welche 1) durch S geht, da $H = 0$ ist, wenn alle 3 ε Null sind, 2) durch die Schnittgerade von ε_1 und $(\varepsilon_2 + \varepsilon_3)$ bezw. durch den Schnittpunkt des Kugelstrahls ε_1 und $(\varepsilon_2 + \varepsilon_3)$ geht. Wir haben, heisst das, auf der Kugel wie auf der Ebene den Satz:

Die Halbierungslinien der Nebenwinkel schneiden die Gegenseiten in 3 Punkten, welche auf einer Geraden liegen.

Vier harmonische Ebenen bezw. Halbebenen des Büschels projizieren sich auf der Kugel in 4 Geraden bezw. Strahlen, welche harmonische genannt werden sollen; vier harmonische Strahlen, vom Centrum S ausgehend, projizieren sich in 4 harmonischen Punkten. Sind ACPQ vier solcher Punkte, so ist wenn wir sin AP etc. kurz AP etc. nennen:

$$\frac{AP}{CP} + \frac{AQ}{CQ} = 0.$$

Es gelten dann die Sätze § 7, 1 alle für das Ebenenbüschel bezw. für das Kugel-Strahlen-Büschel, z. B. **Fig. 8.** Legt man von einem Punkt Q auf einer der harmonischen Strahlen $U_1 U_2 U_3 U_4$ (Ebenen) z. B. von Q auf U_4 zwei Querlinien (Ebenen) durch das Büschel, und verbindet ihre Schnittpunkte (Gerade) mit U_1 und U_2 über Kreuz, so schneiden sich diese Verbindungs-Geraden (Ebenen) auf U_3. Der Satz ist eine unmittelbare Folge des Hauptsatzes auf S. 14. Wir haben ferner den Satz vom Vierseit wieder:

Im vollständigen Kugel-Vierseit teilen die Diagonalen einander harmonisch.

Zu bemerken ist, dass wir uns auf Strecken, kleiner als π beschränken. Der Beweis ist genau derselbe wie in T. 1; er kommt auf den Satz zurück:

Zwei harmonische Systeme, welche einen Strahl (Ebene) gemeinsam haben, schneiden

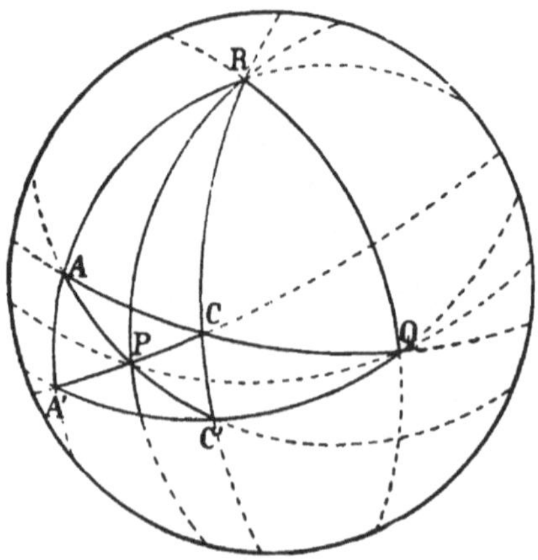

Fig. 8.

sich auf ein und derselben Geraden (Ebene) und es kann das vollständig verschiedene Paar über Kreuz kombiniert werden.

Seien: **Fig.** 8 $U_1 U_2$; $U_1 - \lambda U_2$; $U_1 + \lambda U_2$ ein harmonisches System, $U'_1 \ldots$ ein zweites und $U_1 \equiv U'_1$; dann ist $U_3 - U'_3 \equiv \lambda' U'_2 - \lambda U_2 \equiv U_4 - U'_4$, d. h. aber, da $U_1 \equiv U'_1$ die 4 harmonischen Strahlen-(Ebenen-)Paare schneiden sich auf derselben Geraden (Ebene). Da

$U_4 - U'_3 \equiv U'_4 - U_3 = \lambda U_2 + \lambda' U'_2$ und $U_1 \equiv U'_1$, so liegen auch die Schnitt-Punkte (Geraden) von U_4 und U'_3; U'_4 und U_3; U_2 und U'_2 und U_1 und U'_1 auf einer Geraden (Ebene). Dies ist wieder unser Satz in der Fassung:

Durch jede Ecke eines vollständigen Kugel-Vierseits (jede Kante eines dito Vierkants) gehen 3 Strahlen (Ebenen), die beiden Seiten und eine Diagonale; der (die) zur Diagonale zugeordnete 4-harmonische Strahl (Ebene) ist die Gerade (Ebene), welche die Ecke (Kante) mit dem Schnittpunkt (der Schnittgeraden), der nicht durch die Ecke (Kante) gehenden Diagonalen verbindet.

Den Menelaos und damit auch den Ceva (T. 1, S. 42 u. 43.) beweisen wir mittelst eines fast evidenten Hilfsatzes: Das Verhältnis der Abschnitte einer Sehne ist gleich dem der zugehörigen Bogenabschnitte.

(Es ist Fig. 9

$$AB : BC = BD : BF = \frac{BD}{SB} : \frac{BF}{SB} = \frac{\sin ASP}{\sin CSP} = AP : PC$$

nach der Festsetzung über die Länge eines Bogens.)

Projizieren wir die Punkte $A' C' Q$ der Fig. 8 vom Centrum S aus durch die Kugelradien auf die Ebene RAC in $\alpha'\ \gamma'\ \varkappa$ und bemerken, dass $\alpha'\ \gamma'\ \varkappa$ als gemeinsame Punkte zweier Ebenen in einer Geraden, α' auf der ebenen Geraden AR, γ' desgl. CR liegt und $\varkappa$ auf der ebenen Geraden AC als Punkt der den Ebenen RAC und SAC gemeinsam, so gilt für das Dreieck RAC der ebene Menelaos. Es ist

$$\frac{A\alpha'}{R\alpha'} \cdot \frac{R\gamma'}{C\gamma'} \cdot \frac{C\varkappa}{A\varkappa} = -1$$

und nach unserm Hilfssatz

$$\frac{AA'}{RA'} \cdot \frac{RC'}{CC'} \cdot \frac{CQ}{AQ} = -1,$$

womit der Menelaos auf der Kugel bewiesen ist, und da

$$\frac{CQ}{AQ} = -\frac{CP}{AP}$$

auch der Ceva. Also:

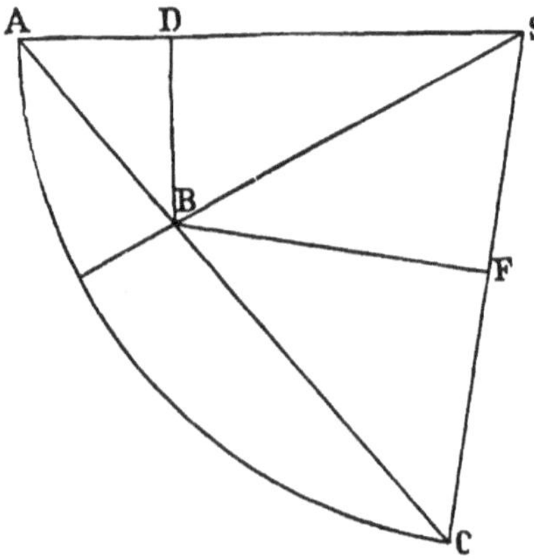

Fig. 9.

Werden die 3 Seiten eines sphärischen Dreiecks von einer sphärischen Geraden geschnitten, so sind die Produkte der Wechselabschnitte einander entgegengesetzt gleich und:

Schneiden sich die Ecktransversalen eines sph. Dreiecks in einem Punkt, so sind die Produkte der Wechselabschnitte einander gleich.

Beide Sätze sind wieder, da wir uns auf Längen unter π beschränken, umkehrbar, weil infolge der Beschränkung der Tangentialsatz aus dem Sinusquotienten und der Summe oder Differenz der Bogen dieselben eindeutig bestimmt; es gelten daher die Bemerkungen auf S. 43 u. 44, T. 1 und wir haben dieselben Sätze fürs sphärische Dreieck; auch in diesem schneiden sich die 3 Höhen in einem Punkte, die 3 Mittellinien, die Geraden, welche die Ecken mit den Berührungspunkten des Inkreises verbinden etc. und ebenso gilt der mit dem letzteren in eine Gruppe gehörige Satz: Die 3 Berührungssehnen des Inkreises schneiden die Gegenseiten in Punkten, welche auf einer Geraden liegen etc.

§ 11. Die Gleichung des Punktes in Ebenenkoordinaten.

In den Sätzen von der harmonischen Teilung tritt wieder, wie in T. 1 § 7 das **Prinzip der Dualität** deutlich hervor, nur dass im Raum sich Punkt und Ebene dual entsprechen. Wie wir bisher den Punkt als Raumelement oder Grundgebilde angesehen haben, können wir jetzt die Ebene als Grundgebilde oder Element betrachten.

Es sei die Gleichung der Ebene ε_1 in Axenform

$$a_1 x + b_1 y + c_1 z - 1 = 0,$$

dann ist durch die Werte von $a_1\, b_1\, c_1$ die Ebene ε_1 ebenso völlig bestimmt, wie ein Punkt durch seine 3 Koordinaten x, y, z; die Grössen $a_1\, b_1\, c_1$ sind daher (T. 1, S. 9) Koordinaten der Ebene. Sehen wir in unserer Gleichung die Zeichen x y z als Träger aller

Zahlenwerte von $-\infty$ bis $+\infty$ an, d. h. als einzeln betrachtet unbeschränkt variabel, aber durch die Gleichung von ε_1 gebunden, so zeigte sich diese Bindung geometrisch darin, dass der Punkt, der einem Wertsystem $x \ldots \{$ war, an die Ebene ε_1 gebunden war. Wir können aber ebensogut $x\,y\,z$ als fest gegebene Zahlen x_1, y_1, z_1 ansehen, und $a_1\,b_1\,c_1$ als variabel, $a\,b\,c$, aber durch die Gleichung

$$a x_1 + b y_1 + c z_1 - 1 = 0 = A$$

gebunden, dann stellt diese **alle** Ebenen dar, welche durch den Punkt $P_1 \{ x_1 \ldots$ gehen, und nur diese, d. h. also A **ist die Gleichung des Punktes** P_1 **in Ebenenkoordinaten** und zwar in ebenen Axenkoordinaten, also

$$1) \qquad P_1 \{ a x_1 + b y_1 + c z_1 - 1 = 0.$$

Man sieht also, und darin liegt die analytische Formulierung des Dualitätsprinzips:

Dieselbe Gleichung stellt je nach der Auffassung eine Ebene in Punktkoordinaten oder einen Punkt in Ebenenkoordinaten dar.

Ist die Ebene in Normalform gegeben,

$$\alpha x + \beta y + \gamma z - n = 0,$$

wo 2) $$\alpha^2 + \beta^2 + \gamma^2 = 1,$$

so ist es zunächst bequemer für $-n$ zu setzen δ, dann sind $-\frac{\alpha}{\delta} \ldots$ die Axenkoordinaten, wir haben dann 4 Koordinaten für die Ebene, aber zwischen ihnen besteht die Relation 2). Die Gleichung des Punktes wird dann $$P_1 \{ a x_1 + b y_1 + \gamma z_1 + \delta = 0$$
oder besser in homogener Form

$$P_1 \left\{ \alpha a + \beta b + \gamma c + \delta d = 0, \right.$$

wo $\frac{a}{d} \ldots$ die gewöhnlichen Koordinaten des Punktes P_1 sind. Ist $d = 0$, so rückt der Punkt ins Unendliche. Sieht man von der Relation 2) zwischen $\alpha \beta \gamma$ ab, so sind $\alpha \beta \gamma \delta$ die allgemeinen Ebenenkoordinaten; die Ebene ist dann durch die Verhältnisse $\frac{\alpha}{\delta} \ldots$ bestimmt, wie der Punkt durch $\frac{a}{d} \ldots$. Hat man 2 lineare Gleichungen in Ebenenkoordinaten

$$\alpha a_1 + \ldots = 0 \text{ und } \alpha a_2 + \ldots = 0,$$

so stellen sie zwei Punkte P_1 und P_2 dar, und damit ihre Verbindungsgerade; die Gerade wird also in Ebenen- wie in Punkt-Koordinaten bestimmt, sie entspricht sich dual selbst, sie ist Verbindungsgerade zweier Ebenen, wie zweier Punkte.

Drei lineare Gleichungen in Ebenen-Koordinaten stellen (generaliter) 3 Punkte und damit eine Ebene dar, wie 3 lineare Gleichungen in Punkt-Koordinaten drei Ebenen und damit einen Punkt. Ist

$$a_1 x_1 + b_1 y_1 + c_1 z_1 - 1 = 0,$$

d. h. soll der Punkt P_1 auf einer gegebenen Ebene liegen, so ist seine Gleichung

$$a x_1 + \ldots - 1 = 0$$

und wenn man subtrahiert:

$$4) \quad (a - a_1) x_1 + (b - b_1) y_1 + (c - c_1) z_1 = 0.$$

Hat man die Gleichung

$$4^a) \quad (a - a_1) p + (b - b_1) q + (c - c_1) r = 0,$$

wo $a_1\ b_1\ c_1$ die Axenkoordinaten einer bestimmten Ebene $a, b, c,$ variable Axenkoordinaten der Ebene bedeuten und p q r Konstanten sind, so stellt sie einen Punkt P_1 dar, der durch die Ebene $a_1\, b_1\, c_1$ geht und dessen Koordinaten p, q, r, proportional sind; es ist $P\{x_1 \ldots$, wo $x_1 = p : u \ldots$; und $u = a_1 p + b_1 q + c_1 r$ ist.

Lässt man a b c bezw. $\alpha\beta\gamma\delta$ unbeschränkt variabel, so stellen sie alle ∞^3-Ebenen des Raumes dar; eine Gleichung zwischen den variablen Ebenenkoordinaten wie $\varphi(a\,b\,c) = 0$ oder $\varphi(\alpha\beta\gamma\delta) = 0$ hebt eine ∞^2fache Schar heraus, welche im allgemeinen eine Fläche φ umhüllen.

Zu bemerken ist, dass wenn $\alpha\beta\gamma\delta$ die allgemeinen Koordinaten sind, die Form φ homogen sein muss, d. h. die Summe der Exponenten der Variabeln muss in jedem Gliede dieselbe sein, oder, anders ausgedrückt, setzt man in φ für $\alpha\beta\ldots$ ein: $A\alpha$, $A\beta \ldots$, so ist $\varphi(A\alpha, A\beta \ldots) = A^n \varphi(\alpha, \beta, \ldots)$, so dass es gestattet ist, in $\varphi = 0$ eine der Variabeln, z. B. δ gleich 1 zu setzen. Die Zahl n, die konstante Summe der Exponenten, heisst der Grad der homogenen Funktion.

Als Beispiel wählen wir die Schar der Ebenen, welche von einem festen Punkt $M\{x_1 \ldots$ den festen Abstand $\pm r$ haben. Sei $\varepsilon\{a, b, c$ eine solche Ebene, dann ist nach § 7 der Abstand $\pm r$ des Punktes M von ε:

$$\frac{a x_1 + b y_1 + c z_1 - 1}{\sqrt{a^2 + b^2 + c^2}},$$

also haben wir nach Beseitigung der Wurzel als Gleichung $\varphi(a\,b\,c) = 0$:

I) $(a x_1 + b y_1 + c z_1 - 1)^2 - r^2 (a^2 + b^2 + c^2) = 0$.

Wir beweisen, zunächst an dem Beispiel, aber — so dass man die Allgemeingültigkeit sieht — den Satz:

Die Ebenen der Schar $\varphi = 0$, deren Koordinaten sich nur unendlich wenig unterscheiden, die benachbarten Ebenen, schneiden sich in einem Punkt, dem Berührungspunkt und der Beweis giebt dual sofort den entsprechenden Satz:

Die unendlich nahen Punkte der Schar $f(xyz) = 0$ liegen auf einer Ebene, der Berührungs- oder Tangential-Ebene.

Zur Abkürzung sei $a x_1 + \ldots - 1 = u$. Sei ε' eine andere Ebene der Schar $\varphi = 0$ und $\varepsilon' \{ a', \ldots$ und $a' = a + h;\ b' = b + k;\ c' = c + l,$
so ist die Form φ nach Einsetzung von $a' \ldots$: $\varphi(a' \ldots)$ und wenn man nach Potenzen von $h k l$ ordnet, so ist
$\varphi(a' \ldots) = \varphi(a \ldots) + h \varphi'_a + k \varphi'_b + l \varphi'_c + h^2 \varphi_a'' + \ldots,$
wo $\varphi'_a \ldots$ Abkürzungen für die Koeffizienten von $h k l$ sind, welche deutlich machen, dass diese Grössen h, k, l nicht enthalten. In unserm Beispiel ist

$$\varphi'_a = 2(u x_1 - r^2 a);\ \varphi'_b = 2(u y_1 - r^2 b); \ldots$$

Da nun $\varepsilon \{ a \ldots$ zur Schar gehört, so ist $\varphi(a \ldots) = 0$, also

$$\varphi(a+h;\ b+k;\ c+l) = h\varphi'_a + k\varphi'_b + l\varphi'_c + h^2\varphi''_a + \cdots$$

Sind h, k, l unter jedes Mass klein, so können

$$h^2,\ hk,\ hl,\ k^2 \ldots$$

gegen $h k l$ vernachlässigt werden [ist z. B. $h = 0{,}001$, so ist $h^2 = 10^{-6}$] und $\varphi(a + h \ldots) = 0$ reduziert sich auf

II) $h\varphi'_a + k\varphi'_b + l\varphi'_c = 0,$

ausser wenn alle $3\,\varphi'$ verschwinden. Es ist $\text{II} \equiv$ mit $(a' - a)\varphi'_a + \ldots = 0$; diese Gleichung stellt aber, wenn $a'\ b'\ c'$ frei veränderlich sind, einen Punkt P dar, der durch die Ebene $\varepsilon \left\{ a \ldots \right.$ geht und dessen Koordinaten $\xi\,\eta\,\zeta$, da $a\varphi'_a + b\varphi'_b + c\varphi'_c = u$ eine konstante ist, gleich $\frac{\varphi'_a}{u} \ldots$ sind. Da die Gleichung II von allen a b c unendlich nahen Ebenen der Schar $\varphi = 0$ erfüllt wird, so gehen sie alle durch P. Hier ist $\xi = \frac{x_1 u - r^2 a}{u}$; $\eta = \ldots$, also $\xi - x_1 = \frac{r^2 a}{u}$ und da nach I $u^2 = r^2 (a^2 + b^2 + c^2)$ ist, so ist

$$\text{III)} \quad (\xi - x_1)^2 + (\eta - y_1)^2 + (\zeta - z_1)^2 = r^2.$$

Dies ist aber nach § 5 die Gleichung der Kugel mit Radius r und Centrum M in Punktkoordinaten, also ist I die Gleichung dieser Kugel in Ebenenkoordinaten.

Ganz analog ist der Beweis, dass die einem Punkt der Schar $f(x\,y\,z) = 0$ benachbarten Punkte generaliter auf einer Ebene, der Tangentialebene liegen. Wir haben also gezeigt, dass von Ausnahmen im einzelnen ($\varphi'_a \ldots = 0$; $f'_x \ldots = 0$) abgesehen, die Fläche φ in der Umgebung einer ihrer Ebenen als Punkt, und die Fläche F in der Umgebung eines ihrer Punkte als Ebene angesehen werden kann.

Die Rechnung in unserm Beispiel würde sich vereinfachen, wenn man Normalkoordinaten braucht, alsdann ist die Gleichung der Kugel:

$$\alpha x_1 + \beta y_1 + \gamma z_1 + \delta = \pm r,$$

wobei die Zweideutigkeit durch Quadrieren beseitigt wird, und die Homogenität dadurch hergestellt wird, dass man r^2 mit 1 in der Form $(\alpha^2 + \beta^2 + \gamma^2)$ multipliziert.

§ 12. **Die Punktreihe.**

Seien P_1 und P_2 zwei Punkte, $p_1 = 0$ und $p_2 = 0$ ihre Gleichungen in Normalform, dann ist

$$u_3 = p_1 - \lambda p_2 = 0$$

die Gleichung eines Punktes P_3 auf der Verbindungslinie von P_1 und P_2, wie man sofort sieht, wenn man u_3 in der Form schreibt:

$$\alpha (x_1 - \lambda x_2) + \ldots + \delta (1 - \lambda),$$

welches $\left\{ \text{mit } \alpha \frac{(x_1 - \lambda x_2)}{1 - \lambda} + \ldots + \delta, \right.$ welches die Gleichung des Punktes $\frac{x_1 - \lambda x_2}{1 - \lambda} \ldots$ ist, der auf P_1P_2 liegt und P_1P_2 im Verhältnis λ teilt (nach § 5), wobei λ negativ ist, wenn P_3 innerhalb der Strecke P_1P_2 liegt, positiv, wenn ausserhalb. Dies lässt sich auch direkt ableiten. Setzt man in die Gleichung eines Punktes P in Normalform p die Koordinaten einer ortsfremden Ebene ε ein, so ist p_ε (§ 6) der Abstand des Punktes P von der Ebene ε; ist die Gleichung von P in allgemeiner Form U gegeben, so ist $\frac{U}{\mu}$ der Abstand des Punkts, wo das Zeichen von μ nach der Regel in § 7 bestimmt wird. Legt man durch irgend einen Punkt P_3, z. B. zwischen P_1 und P_2 irgend eine Ebene, und fällt auf sie von P_1 und P_2 die Lothe, so sind diese p_1 und p_2, und die **Fig. 10** zeigt, dass:

$$p_1/p_2 = P_1P_3 : P_3P_2 = \lambda \text{ oder } p_1 - p_2 \lambda = 0$$

für alle Ebenen durch P_3 und nur für diese, wo λ das

Teilungsverhältnis von P_1P_2 durch P_3 ist. Liegt P_3 innerhalb, so sind die Lothe von entgegengesetzten Zeichen, weil P_1 und P_2 an verschiedenen Seiten der Ebene durch P_3 liegen, aber auch die Strecken P_1P_3 und P_2P_3 sehen wir als entgegengesetzt an; liegt P_3 ausserhalb, so ist das Verhältnis der Lothe, wie der Strecken P_1P_3 und P_2P_3 positiv; es ist also die Gleichung des Punkts P_3 der auf P_1P_2 liegt, und sie im Verhältnis λ teilt

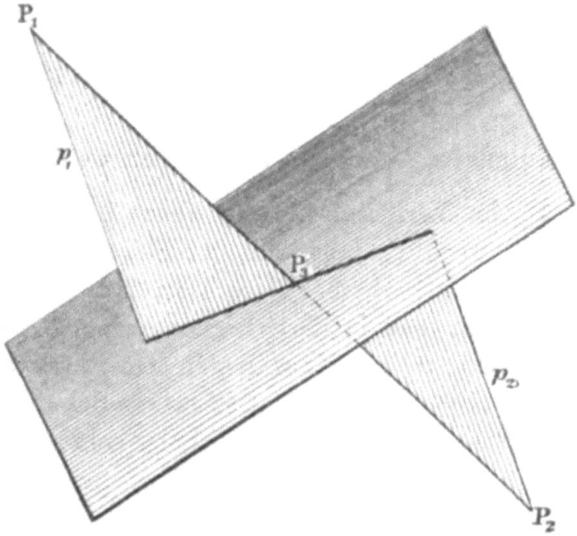

Fig. 10.

5) $U_3 = p_1 - \lambda p_2 = 0.$

Sind P_1 und P_2 in allgemeiner Form u_1 und u_2 gegeben, so sind zwar die Lothe u_1/μ; u_2/μ, aber ihr Verhältnis ist u_1/u_2 und wieder gleich dem Teilungsverhältnis λ, somit ist $u_3 = u_1 - \lambda u_2$. Durchläuft λ alle möglichen Werte, so bekommen wir alle Punkte auf der Geraden P_1P_2; wir nennen diese Punkte: Punktreihe, die Grösse λ den Parameter, die Gerade den Träger der Punktreihe. Ist $\lambda = -1$, so ist P_3 die Mitte von P_1P_2; ist $\lambda = +1$, so ist P_3 die Mitte der unendlichen Strecke P_1P_2, d. h. liegt im Unendlichen. Nach Definition harmonischer Punkte sind p_1, p_2; $p_1 - \lambda p_2$; $p_1 + \lambda p_2$ die Gleichungen 4 harmonischer Punkte, oder in allgemeiner Form

$$u_1;\ u_2;\ u_1 - \lambda u_2;\ u_1 + \lambda u_2.$$

Zwei Punkte, ihre Mitten im Endlichen und Unendlichen, bilden also ein spezielles harmonisches System, entsprechend dem System zweier Ebenen und ihrer Halbierungsebenen; durch Vermittlung des unendlich fernen Elements entsprechen sich also auch metrische Relationen dual. Da die Gleichungen der Punkte, der Punkte einer Reihe, der harmonischen Punkte in Ebenenkoordinaten mit denen der Ebene, der Ebenen eines Büschels, der harmonischen Ebenen die Punktkoordinaten völlig übereinstimmen, so bleiben alle Folgerungen bestehen und wir erhalten die betreffenden Sätze durch Vertauschung von Punkt und Ebene, worin eben das Dualitätsprinzip liegt.

III. Abschnitt.

Die Koordinatentransformation.

§ 13. Drehung.

Schon in § 5 haben wir die Parallelverschiebung des Koordinaten-Systems benutzt und gesehen, dass

(Fig. 4) wenn x y z die ursprünglichen, $\xi\,\eta\,\zeta$ die neuen Koordinaten desselben Punktes P bezeichnen und $x_0 \dots$ die alten Koordinaten des neuen Anfangspunkts

1) $\xi = x - x_0;\ \eta = y - y_0 \dots$ und umgekehrt.

$$x = \xi + x_0 \dots$$

Lässt man den Anfangspunkt fest, ändert aber die Richtungen der Axen beliebig, doch so, dass das neue Koordinatensystem rechtwinklig bleibt, und nennt $\xi\,\eta\,\zeta$ die neuen Koordinaten, x y z die alten, und bezeichnet den Winkel, welche die ξ-Axe mit den alten Axen macht mit $\alpha_1\,\beta_1\,\gamma_1$, die der η-Axe $\alpha_2 \dots$ und die der ζ-Axe $\alpha_3 \dots$, so hat man zunächst das Gleichungssystem

2) $\alpha_1{}^2 + \beta_1{}^2 + \gamma_1{}^2 = 1$; und 2a) $\alpha_1\alpha_2 + \beta_1\beta_2 + \gamma_1\gamma_2 = 0$
$\alpha_2{}^2 + \beta_2{}^2 + \gamma_2{}^2 = 1$; $\alpha_2\alpha_3 + \beta_2\beta_3 + \gamma_2\gamma_3 = 0$
$\alpha_3{}^2 + \beta_3{}^2 + \gamma_3{}^2 = 1$; $\alpha_3\alpha_1 + \beta_3\beta_1 + \gamma_3\gamma_1 = 0$

Das System 2a) drückt aus (§ 4, 6), dass auch die neuen Axen auf einander senkrecht stehen. Da die alten Axen mit den neuen die Winkel $\alpha_1\,\alpha_2\,\alpha_3 \dots, \beta_1 \dots, \gamma_1 \dots$ bilden, so hat das System 2) zur Folge das System

3) $a_1{}^2 + \alpha_2{}^2 + \alpha_3{}^2 = 1$ etc. 3a) $\alpha_1\beta_1 + \alpha_2\beta_2 + \alpha_3\gamma_3 = 0 \dots$

Die Normalgleichung der $\zeta\,\xi$-Ebene ist in alten Koordinaten $\alpha_2 x + \beta_2 y + \gamma_2 z = 0$.

Setzt man die Koordinaten des beliebigen Punktes P darin ein, so ist sein Abstand durch die linke Seite in alten Koordinaten ausgedrückt, während er in neuen gleich η ist, somit haben wir die Transformationsgleichungen

4) $\xi = \alpha_1 x + \beta_1 y + \gamma_1 z$
$\eta = \alpha_2 x + \beta_2 y + \gamma_2 z$
$\zeta = \alpha_3 x + \beta_3 y + \gamma_3 z$

Genau in derselben Weise erhalten wir ohne Rechnung

5) $x = \alpha_1 \xi + \alpha_2 \eta + \alpha_3 \zeta \ldots$

Das System 5 kann auch aus 4 abgeleitet werden dadurch, dass wir die Gleichungen 4 der Reihe nach mit $\alpha_1\ \alpha_2\ \alpha_3$, dann mit $\beta_1\ \beta_2\ \beta_3$ multiplizieren und addieren, und die Formeln 3^a) anwenden. Eine beliebige Verlegung kann aus einer Parallelverschiebung und Richtungsänderung zusammengesetzt werden, man sieht, dass dann die Gleichung 5 sich nur dadurch ändert, dass rechts die Konstanten $x_0 \ldots$ hinzukommen, d. h. die Koordinaten des neuen Anfangspunkts im alten System.

Da die Gleichungen 5) und 4) linear sind, so sieht man, dass durch eine Koordinatentransformation der Grad einer Fläche $F\{f(x\,y\,z) = 0$ nicht geändert wird, und man kann jetzt auch zeigen, dass wenn $f(x\,y\,z)$ algebraisch und vom n. Grade, die Fläche F^n von keiner Geraden in mehr als n Punkten geschnitten wird. Sei f in x vom Grade n und in keiner Koordinate von höherem Grade, so wird die Fläche F^n von der x-Axe (für die in $f(x\,y\,z) = 0$ z und y = Null zu setzen sind) in höchstens n und wenn man zusammenfallende und imaginäre Lösungen zählt wie in der Algebra, so wird F von der x-Axe genau in n Punkten geschnitten. Ist g eine beliebige Gerade, so kann man die Koordinaten so transformieren, dass die Gerade g zur ξ-Axe wird, der Grad von $f(\xi\,\eta\,\zeta)$ wird durch die Transformation nicht geändert, und so wird $F\{f(\xi\,\eta\,\zeta) = 0$, von g in n Punkten geschnitten, womit der Satz bewiesen ist. Hat eine Gerade mit einer Fläche F^n mehr als n Punkte gemeinsam, so müssen in F^n bei der Transformation auf die Gerade als ξ-Axe alle Koeffizienten verschwinden, die Gleichung der Fläche F^n wird dann von jedem ξ erfüllt, die Gerade g, heisst dies, liegt ganz auf der Fläche.

Man unterscheidet bei Beibehaltung des Nullpunktes zwei Arten von Transformationen; entweder kann das neue System durch Drehung des alten erhalten werden oder nicht. Lässt man nämlich das Axensystem unverändert, vertauscht aber die positive und negative Richtung auf allen 3 Axen, so kann das alte System mit dem neuen nicht zur Deckung gebracht werden, die Systeme sind nicht kongruent sondern symmetrisch, wie auf der Kugel ein sph. Dreieck und das Dreieck seiner Gegenpunkte. Zu jedem Axensystem mit dem man das alte durch Drehung zur Deckung bringen kann, gehört also immer eins, für das dies nicht geht.

Die Formeln 4 müssen bei beliebiger Transformation durch Zusetzen der Konstanten $\xi_0 \ldots$ erweitert werden, welches die neuen Koordinaten des alten Anfangspunkts sind. Ist die Gleichung einer Ebene ε im alten System

$$ax + by + cz + d = 0,$$

und im neuen

$$a'\xi + b'\eta + c'\zeta + d' = 0,$$

so ergiebt sich durch Benutzung von 4) und Identifizierung der beiden Gleichungen von ε

6) $a = \alpha_1 a' + \alpha_2 b' + \alpha_3 c'$; $b = \beta_1 a' + \beta_2 b' + \beta_3 c'$;
$c = \gamma_1 a' + \ldots$; $d = \xi_0 a' + \eta_0 b' + \zeta_0 c' + d'$.

Wenn man sich also auf Drehung beschränkt, ist die Transformation der Ebenenkoordinaten völlig konform der Transformation der Punktkoordinaten.

Man sieht, der Grad der Gleichung

$$\varphi(\alpha\beta\gamma\delta) = 0$$

(wenn wir jetzt wieder die Ebenenkoordinaten wie sonst bezeichnen, statt wie eben mit a, b, c, d) wird durch Transformation der Koordinaten nicht geändert und man beweist, wie oben für F^n, dass eine φ^n, d. h. eine Fläche n. Klasse die entsprechende Eigenschaft hat: Durch jede Gerade g gehen höchstens n Ebenen der Fläche, d. h. n-Ebenen, welche die Fläche berühren oder die zur Schar $\varphi^n(\alpha\beta\gamma\delta) = 0$ gehören; den Fall, wo g auf der Fläche liegt, wieder ausgenommen.

IV. Abschnitt.

Die Kugel.

§ 14. Die Gleichung der Kugel. Potenzsatz.

Die Kugel wird definiert als Ort der Punkte, die von einem gegebenen Punkt $M \{ a, b, c$ die gegebene Entfernung r haben, dann ist

1) $K = (x-a)^2 + (y-b)^2 + (z-c)^2 - r^2 = 0$

die Gleichung der Kugel in Punktkoordinaten. Setzt man in K die Koordinaten eines ortsfremden Punktes P, so ist $K_p = MP^2 - r^2$ (T. 1, S. 59). Zieht man durch $P \{ x_0 \ldots$ eine Gerade g, welche die Richtungskosinus $\alpha\beta\gamma$ hat, so sind ihre Gleichungen nach § 5, 7a) $x = x_0 + \lambda\alpha, \ldots$, wo λ die Entfernung des laufenden Punktes von P bezeichnet. Die Schnittpunkte dieser

Geraden g mit der Kugel K erhält man, wenn man diese Werte in $K = 0$ einsetzt. Wir haben also, wie in § 11 in $K = K(x\,y\,z)$ für x, y, z zu setzen $x_0 + h$; $y_0 + k$; $z_0 + l$.

Da diese Aufgabe häufig wiederkehrt, wollen wir sie allgemein erledigen. Es sei $f(x\,y\,z)$ eine Form 2. Grades, sie besteht aus Gliedern 2. Grades, 1. Grades und einer Konstanten. Wir machen $f(x\,y\,z)$ homogen, indem wir eine Hilfsvariabel x_4 einführen und setzen $x = x_1/x_4$; $y = x_2/x_4$; $z = x_3/x_4$. Setzt man $x_4 = 1$, so sind x_1 etc. mit $x\,y\,z$ identisch. Nach Multiplikation mit x_4^2 ist dann $x_4^2 f(x\,y\,z) = a_{11} x_1^2 + 2 a_{12} x_1 x_2 + 2 a_{13} x_1 x_3 + 2 a_{14} x_1 x_4 + a_{22} x_2^2 + 2 a_{23} x_2 x_3 + 2 a_{24} x_2 x_4 + a_{33} x_3^2 + 2 a_{34} x_3 x_4 + a_{44} x_4^2$ oder kürzer: $f(x\,y\,z) \{ \Sigma a_{ik} x_i x_k$, wo die Indices i und k der Reihe nach die Werte 1 bis 4 durchlaufen und $a_{ik} = a_{ki}$ ist.

Setzt man in $f(x_1 \ldots)$ für x_i ein $x_i + \xi_i$ und ordnet nach Potenzen der ξ, so ist

$$f(x_i + \xi_i) = A + \Sigma \xi_i B_i + \Sigma c_{ik} \xi_i \xi_k.$$

Sind alle $\xi = 0$, so ergiebt sich $A = f(x_i)$, sind alle $x = 0$, so ergiebt sich $\Sigma c_{ik} \xi_i \xi_k = f(\xi_i)$ also

$$c_{ik} = a_{ik}.$$

Ist $\xi_i = x_i$, so ist $f(x_i + \xi_i) = f(2 x_i) = 4 f(x_i)$, somit

2) $x_1 B_1 + x_2 B_2 + x_3 B_3 + x_4 B_4 = \Sigma x_i B_i = 2 f(x_i)$

und

$$B_i = 2 (x_1 a_{i1} + x_2 a_{i2} + x_3 a_{i3} + x_4 a_{i4}) = 2 \Sigma x_k a_{ik},$$

wo i fest und k variiert von 1 bis 4; d. h. man erhält $^1/_2 B_i$, wenn man in der homogenen Form x_i vor die

Klammer nimmt, als zugehörigen Faktor. Es ist praktisch B_i zu bezeichnen als $f'_{x\,i}$, also

3) $f(x_i + \xi_i) = f(x_i) + \Sigma \xi_i f'_{x\,i} + f(\xi_i)$.

Das Resultat unserer Einsetzung erhalten wir, wenn wir $x_1 = x_0$, $x_2 = y_0$, $z_3 = z_0$, $x_4 = 1$ und $\xi_4 = 0$ setzen; somit

3a) $K(x_0 + \lambda\alpha; \ldots) = K(x_0 \ldots) + 2\lambda(\alpha(x_0 - a)$
$+ \beta(y_0 - b) + \gamma(z_0 - c)) + \lambda^2(\alpha^2 + \beta^2 + \gamma^2) = 0.$

Der Faktor von λ^2 ist 1, und nach den Sätzen über die Wurzeln einer quadratischen Gleichung (Schubert, Arithmetik, S. 111):

$$\lambda_1 \lambda_2 = K(x_0 \ldots) = PQ \, . \, PR = MP^2 - r^2$$
$$= (MP + r)(MP - r),$$

d. h. der Potenzsatz (T. 1, S. 59) gilt auch für die Kugel:

Das Produkt der Abschnitte aller Kugelsehnen durch denselben Punkt ist konstant.

Setzt man in die Gleichung der Kugel in Form 1) die Koordinaten eines ortsfremden Punktes, so erhält man die Potenz des Punktes in Bezug auf die Kugel.

Die Gleichung der Kugel ist quadratisch, die Kugel gehört also zu den Flächen 2. Grades, den Quadric's (nach dem Vorgang Reye's mit F^2 bezeichnet), aber nicht jede Form 2. Grades stellt eine Kugel dar. Es ist nötig, dass die Form sich mit 1 identifizieren lasse, also darf sie nur die Gestalt haben:

$$c(x^2 + y^2 + z^2) - 2c_1 x - 2c_2 y - 2c_3 z + c_4 = 0,$$

und da $c \neq 0$ sein muss, so kann man auch $c = 1$ setzen. Vergleicht man diese Form mit 1), so sieht man, dass $c_1\, c_2\, c_3$ (bezw. $c_1 / c \ldots$) die Koordinaten des Centrums und $c_4 = a^2 + b^2 + c^2 - r^2$, d. h. $OM^2 - r^2$, d. h. die Potenz des Nullpunkts (bezw. c_4 / c).

§ 15. Tangentialebene, Polarebene.

Die Gleichung 3ª) zeigt, dass jede Gerade die Kugel höchstens in 2 Punkten schneidet; liegt der Punkt $P \{ x_0 \ldots$ auf der Kugel, so ist $K(x_0 \ldots) = 0$, eine Wurzel von 3ª) ist 0, was evident, da $PP = 0$ ist; wenn aber auch noch der Koeffizient von λ verschwindet, so sind beide Wurzeln Null, und die Gerade hat nur P mit der Kugel gemeinsam, auch der 2. Schnittpunkt fällt auf P, die Gerade ist eine Tangente. Da in der Gleichung: $\alpha (x_0 - a) + \ldots = 0$ das Zeichen α durch $x - x_0$ ersetzt werden kann, wenn x einem beliebigen Punkt der Geraden angehört, und entsprechend β durch $y - y_0$; γ durch $z - z_0$ (§ 5), so genügen die sämtlichen Punkte aller Tangenten der Gleichung

$$4)\quad (x - x_0)(x_0 - a) + (y - y_0)(y_0 - b) + (z - z_0)(z_0 - c) = 0,$$

welche infolge von 11 übergeht in

$$5)\quad (x - a)(x_0 - a) + (y - b)(y_0 - b) + (z - c)(z_0 - c) - r^2 = 0.$$

Dies ist die Gleichung einer Ebene, die sämtlichen Tangenten erfüllen also eine Ebene, die Tangentialebene, deren Gleichung ganz analog gebildet wird, wie die der Tangente des Kreises T. 1 S. 63.

Ist $\alpha)$ $u x_0 + v y_0 + w z_0 - 1$ die Gleichung eines Punktes $P \{ x_0 \ldots$ auf der Kugel, so sind u, v, w, die Koordinaten seiner Tangentialebene, wenn

$$u = \lambda (x_0 - a);\ v = \lambda (y_0 - b) \ldots,$$

wo λ durch α) bestimmt wird. Es ist

$$au + bv + cw - 1 = -r^2 \lambda,$$

somit $\lambda^2 = r^{-4} N^2$, wenn $N = au + bv + cw - 1$.

Es ist $u^2 + v^2 + w^2 = \lambda^2 r^2 = N^2 r^2 : r^4$ oder

6) $(au + bv + cw - 1)^2 = r^2 (u^2 + v^2 + w^2)$.

Dies ist die uns schon bekannte Gleichung der Kugel in Ebenenkoordinaten, welche ausdrückt, dass die Tangentialebene vom Centrum den Abstand des Kugelradius hat, sie ist wieder der betreffenden Kreisgleichung ganz analog.

Die Kugel ist also eine Fläche 2. Klasse.

Ist die Tangentialebene u, v, w gegeben, so erhält man für den Berührungspunkt

7) $x_0 - a = \frac{u}{\lambda} = -\frac{r^2 u}{N} \ldots$

Sei $P \{ ux_1 + vy_1 + wz_1 - 1 = 0$ ein beliebiger Punkt $P \{ x_1 \ldots$ und u, v, w, irgend eine durch ihn gehende Tangentialebene der Kugel, $x_0 \ldots$ ihr Berührungspunkt. Da zwischen den Grössen u, v, w 2 Gleichungen bestehen, die des Punktes und die der Kugel — 6), so gibt es eine einfach unendliche Schaar von Tangentialebenen der Kugeln durch den Punkt P und somit eine einfach unendliche Schaar von Berührungspunkten. Wir haben für die Berührungspunkte: 7) die Gleichungen des Punktes P und α) also

$$\lambda [x_1 (x_0 - a) + \ldots] - 1 = 0 \text{ und aus } \alpha)$$

$$\lambda [x_0 (x_0 - a) + \ldots] - 1 = 0,$$

somit: $(x_1 - x_0)(x_0 - a) + \ldots = 0$, oder da $x_0 \ldots$ auf der Kugel

$$8)\quad (x_1-a)(x_0-a)+(y_1-b)(y_0-b)+(z_1-c)(z_0-c)-r^2=0,$$

d. h. aber: **Alle Berührungspunkte liegen in einer Ebene**, und da sie zugleich auf der Kugel liegen, so liegen sie auf einem Kreise. Die Ebene 8 hat wieder genau dieselbe Gleichung wie die Tangentialebene (T. 1 S. 64), nur dass an Stelle des Berührungspunktes der feste Punkt getreten ist; wir nennen sie die Chordale oder die (harmonische) Polare des Poles P; ihre Richtungskosinus sind proportional $(x_1-a)\ldots$, also steht sie auf M P senkrecht. Ist $P_1=M$, so ist 8): $-r^2=0$, d. h. **die Polarebene des Mittelpunkts ist die unendlich ferne Ebene.** Die Polarebene ist stets reell, gleichgiltig, ob die Tangentialebenen durch P reell sind oder nicht, d. h. ob die Gleichung von P und die der Kugel in Ebenenkoordinaten vereinbar sind oder nicht. Die Bedingung der Realität ergibt sich, wenn man 6) in die Form bringt: $au+bv+cw-1=r\mu$, wo

$$\mu=\sqrt{u^2+v^2+w^2};$$

subtrahiert man dann die beiden Gleichungen, so erhält man

$$(x_1-a)u+(y_1-b)v+(z_1-c)w=r\mu,$$

und wenn man durch μ dividiert

$$(x_1-a)\cos\alpha+(y_1-b)\cos\beta+(z_1-c)\cos\gamma=r,$$

wo $\alpha\,\beta\,\gamma$ die Richtungswinkel der Ebene u, v, w sind; dividiert man durch MP oder d, so sind $(x_1-a)/d\ldots$ die Richtungskosinus der Geraden MP, also ist die linke Seite der Cosinus des Winkels zweier Geraden und muss als solcher $\leqq 1$ sein; d. h. aber $d\geqq r$, wie bekannt.

Die Gleichung 8) ist symmetrisch in Bezug auf x_1 .. und x_0 ..., daraus folgt, dass die Polarebene von x_0 ... durch x_1 ... geht, d. h.: Bewegt sich ein Punkt auf einer Ebene, so dreht sich seine Polarebene um den Pol jener Ebene und umgekehrt:

Dreht sich eine Ebene um einen festen Punkt, so bewegt sich ihr Pol auf der Polarebene jenes Punkts.

Ist die gegebene Ebene in Axenkoordinaten u v w gegeben, so findet man durch dieselbe Rechnung, welche die Koordinaten des Berührungspunktes gab, genau dieselben Ausdrücke für die des Pols:

$$x_p - a = -\frac{u r^2}{N} \dots\dots,$$

wo N wieder $au + bv + cw - 1$ bezeichnet.

Die Ausdrücke zeigen, dass, wenn Ebenen durch Eine Gerade gehen, auch ihre Pole auf Einer Geraden liegen, und v. v. Sei die erste Gerade bestimmt durch zwei ihrer Ebenen $\varepsilon_1 \left\{ u_1 \right.$ und $\varepsilon_2 \left\{ u_2 \right.$ ..., deren Pole $P_1 \left\{ x_1 \right.$ ... und $P_2 \left\{ x_2 \right.$ ..., sei $\varepsilon_3 \left\{ u_3 \right.$ .. eine dritte Ebene des Büschels u. $P_3 \left\{ x_3 \right.$ .. ihr Pol, so ist $u_3 = \frac{u_1 - \lambda u_2}{1 - \lambda} \dots$

$$\text{und } x_3 = \frac{x_1 N_1 - x_2 N_2 \lambda}{N_1 - \lambda N_2} \text{ oder } x_3 = \frac{x_1 - \mu x_2}{1 - \mu},$$

$$\text{wo } \mu = \frac{\lambda N_2}{N_1},$$

also: **Bilden die Polar-Ebenen ein Büschel, so bilden die Pole eine Punktreihe und v. v.**

Die Geraden, welche Träger des Büschels und der Reihe sind, kann man konjugierte nennen, da sie sich dual entsprechen. Wenn λ das Zeichen wechselt, so wechselt es auch μ und v. v., d. h.: Bilden die Ebenen ein harmonisches System, so bilden es die Pole desgleichen und v. v.

§ 16. Kugel und Kugel, Kugelkomplex, Kugelschaar.

Seien $K_1 = 0$ und $K_2 = 0$ die Gleichungen zweier Kugeln, ihre Kombination liefert die Schnittlinie. Das System $K_1 = 0$; $K_2 = 0$ ist $\{$ dem System $K_1 + K_2 = 0$, $K_1 - K_2 = 0$, die letztere Fläche ist aber eine Ebene, somit ist die Schnittkurve zweier Kugeln ein Kreis, der sich auf einen Punkt reduzieren kann und auch imaginär werden kann.

Wenn x . . . über jedes Mass gross werden, reduziert sich die Form K auf

9) $x^2 + y^2 + z^2 = 0$.

Diese Gleichung hat, wenn x y z als beliebig variabel betrachtet werden, nur eine reelle Lösung $x = 0$ $y = 0$ $z = 0$ und stellt also als reelle Fläche eine Punktkugel um den Nullpunkt dar. Lässt man aber, wie in der Algebra, auch imaginäre Lösungen zu und ordnet diesen eine eigene Gattung uneigentliche Raumpunkte i imaginäre zu, und ist P $\{$ x, y, z eine solche, so ist λx, λy, λz ebenfalls eine Lösung, d. h. die ganze Gerade O P liegt auf der Fläche, sie stellt daher einen imaginären Kegel — Kugelkegel — dar, dessen (reeller) Scheitel der Nullpunkt ist. Die Gleichung der Kugel lässt sich schreiben

$x^2+y^2+z^2-2ax-2bx-2cx+(a^2+b^2+c^2-r^2)$; $a^2+b^2+c^2-r^2$ ist die Potenz p des Nullpunkts in Bezug auf die Kugel. Aus der Form 9) ist das Centrum der Kugel verschwunden, alle Kugeln verschmelzen also im Unendlichen mit dem imaginären Kugelkegel, dessen Schnitt mit der unendlich fernen Ebene Konstans $=0$, dem Ort der unendlich fernen Punkte ein imaginärer Kreis ist, man kann also sagen: Alle Kugeln gehen durch denselben imaginären Kreis im Unendlichen.

Die Form $K=x^2+y^2+z^2-2ax-2by-2cz+p=0$ hat vor der früheren manche Vorzüge, und a b c p sind eben so gut Koordinaten der Kugel, wie a, b, c, r. Zunächst soll der Winkel bestimmt werden, unter dem sich 2 Kugeln K und K_1 schneiden. Man hat:

$$2rr_1\cos\varphi=r^2+r_1^2-MM_1^2=a^2+\ldots-p+a_1^2$$
$$+\ldots-p_1-(a-a_1)^2\ldots$$
$$2rr_1\cos\varphi=2\left(aa_1+bb_1+cc_1-\frac{1}{2}(p+p_1)\right).$$

Insbesondere ist die Bedingung dafür, dass 2 Kugeln sich rechtwinklig (normal, orthogonal) durchschneiden ($\cos\varphi=0$):

$$10)\quad aa_1+bb_1+cc_1-\frac{1}{2}(p+p_1)=0.$$

Diese Formel kann man auch direkt ableiten durch die Bemerkung, dass in diesem Falle die Potenz des Centrums M_1 in Bezug auf die Kugel K gleich r_1^2, d. h. $a_1^2+b_1^2+c_1^2-2aa_1-2bb_1-2cc_1+p=a_1^2+b_1^2+c_1^2-p_1$, woraus 10) unmittelbar folgt.

Denken wir uns in 10) a; b; c; p; fest, $a_1\ldots$ variabel, so stellt 10) alle ∞^3 Kugeln dar, welche die gegebene Kugel K $\{$ a. . . . p normal schneiden, sie bilden, da ihre Koordinaten durch eine lineare Gleichung gebunden sind, einen linearen Komplex. Sei:

11) $d_1 a_1 + d_2 b_1 + d_3 c_1 + d_4 p_1 + d_5 = 0$

irgend eine lineare Gleichung zwischen den variablen Koordinaten einer Kugel, so kann man sie auf die Form 10) bringen, indem man setzt:

$$a = -\frac{d_1}{2 d_4};\ b = -\frac{d_2}{2 d_4};\ c = -\frac{d_3}{2 d_4};\ p = +\frac{d_5}{2 d_4},$$ also:

Der lineare Kugelkomplex (Ω) besitzt stets Eine Kugel, welche alle Kugeln des Ω normal schneidet; sie heisst die Hauptkugel (Normal, Orthogonal) des Komplex.

Ist $d_4 = 0$, so geht die Hauptkugel in eine Ebene (**Plankugel**) über. Die Form 11) ist $\{$ der Form 10) und diese vereinfacht sich, wenn man den Nullpunkt in das Centrum der Hauptkugel legt und geht dann über in

11ᵃ) $p_1 = -p =$ Konstans, also:

Der lineare Kugel-Komplex ist die Gesamtheit aller Kugeln, welche in Einem Punkt dieselbe Potenz haben.

Die konstante Potenz p (wo p jetzt für —p eintritt) ist gleich dem Quadrat des Radius ϱ der Hauptkugel; ihr Centrum hat in Bezug auf sie selbst die Potenz $-\varrho^2$ oder —p, sie gehört also nicht zum Ω, ausser wenn ϱ bezw. $-p = 0$, d. h. wenn sie zur Punktkugel wird, dann besteht der Komplex aus den ∞^3 Kugeln, welche durch O gehen.

Ist p d. i. ϱ^2 negativ, so wird die Orthogonalkugel imaginär, ihr Centrum, der **Kern des Komplex,** liegt innerhalb jeder Kugel; im entgegengesetzten Fall liegt der Kern ausserhalb aller Kugeln.

Zum Komplex gehören Punktkugeln, d. h. Kugeln, deren Radius r gleich Null ist, ihre Centren genügen also der Gleichung

$$a_1^2+b_1^2+c_1^2-p=a_1^2+b_1^2+c_1-\varrho^2=0.$$

In Worten:

Die Punktkugeln des Komplex bestehen aus den Punkten der Normalkugel.

Die Ebenen des Komplexes erhalten wir, wenn wir die Koordinaten der Kugel in der Form

$$\frac{a'}{d};\ \frac{b'}{d};\ \frac{c'}{d};\ \frac{p'}{d}$$

denken, und nach Multiplikation mit d diese Zahl gleich Null setzen, dann rückt der Mittelpunkt ins Unendliche und der Radius wird auch unendlich. Für diese Ebenen, die Plankugeln des Komplex, gelten dann die Gleichungen

$$-2a'x-2b'y-2c'z+p'=0, \text{ und da}$$

$$\frac{p'}{d}=p=\varrho^2, \text{ d. h. } p'=0,$$

so haben wir für sie

$$2a'x+2b'y+2c'z=0$$

als Gleichung der ∞^2 fachen Ebenen oder Plankugeln des Komplexes. Die Gleichung wird durch $O\{0\ldots$ für jedes Wertsystem a' . . erfüllt, d. h. also:

Alle Plankugeln des Komplex schneiden sich im Kern.

Seien $K_1\{a_1\ b_1\ c_1\ p$ und $K_2\{a_2\ b_2\ c_2\ p$ 2 Kugeln des Komplex, so hat die Ebene ihres Schnittkreises die Gleichung

$$K_1 - K_2 = 2(a_1 - a_2)x + 2(b_1 - b_2)y + 2(c_1 - c_2)z = 0,$$

sie geht also durch den Nullpunkt, d. h. den Kern des Komplexes. Allgemein, wenn $K_1 = 0$ und $K_2 = 0$ die Gleichungen zweier beliebigen Kugeln sind, ist $K_1 - K_2 = 0$ die Gleichung ihrer Schnittebene, sie sagt nach § 14 aus, dass jeder ihrer Punkte in Bezug auf beide gleiche Potenz hat; umgekehrt, hat ein Punkt P gleiche Potenz, so ist $K_1 = K_2$, d. h. $K_1 - K_2 = 0$. **Die Schnittebene ist also der Ort der Punkte, welche in Bezug auf beide Kugeln gleiche Potenz haben,** sie ist zugleich: **Potenzebene.** Sie ist als Potenzebene stets reell, gleichviel ob der Schnittkreis reell, auf einen Punkt zusammenschrumpft, oder imaginär ist; jeder ihrer Punkte kann zum Kern eines Komplex gemacht werden, dem beide Kugeln angehören. Ist $K_1 - K_2 = c$, so ist dies die Gleichung einer Ebene, welche der Potenzebene parallel ist, also:

Verschiebt man die Potenzebene parallel, so erleidet die Differenz der Potenzen für alle Punkte die gleiche Aenderung. Die Potenzebene steht auf der Centrale (Axe) der Kugeln senkrecht und teilt sie so, dass die Differenz der Quadrate der Abschnitte gleich der Differenz der Quadrate der Radien ist. Sind K_1; K_2; K_3; drei Kugeln, so sind $K_1 - K_2$; $K_2 - K_3$; $K_3 - K_1$ die Formen ihrer Potenzebenen und da identisch

$$(K_1 - K_2) + (K_2 - K_3) + (K_3 - K_1) = 0$$

so gehören die 3 Potenzebenen dreier Kugeln zur selben Schar, oder:

Die 3 Potenzebenen von 3 Kugeln schnei-

den sich in Einer Geraden, der Potenzaxe.

Daraus folgt:

Die 4 Potenzaxen von 4 Kugeln schneiden sich in Einem Punkt, dem Potenzpunkt.

Die Sätze erleiden eine Ausnahme, wenn

$$K_3 = \frac{K_1 - K_2 \lambda}{1 - \lambda}; \text{ dann ist}$$

$$K_3 - K_1 = \lambda (K_1 - K_2),$$

d. h. die 3 Potenzebenen fallen in eine Ebene zusammen, also wenn:

$$K_3 = K_1 - K_2 \lambda = 0$$

schneiden sich die 3 Kugeln im selben Kreise, sie gehören zu einer Schar, λ heisst der Parameter der Schar; ist $K_4 = K_1 - K_2 \lambda'$ und $\lambda + \lambda' = 0$, so bilden die 4 Mittelpunkte ein harmonisches Punktsystem und man sagt, die 4 Kugeln bilden ein harmonisches Kugelbüschel.

Seien jetzt K_1 und K_2 zwei Kugeln des Komplexes, M_1 und M_2 ihre Centren; bei der völligen Willkür von a′ b′ c′ einerseits und $a_1 - a_2$ andererseits ist es erlaubt, $\nu a' = \mu (a_1 - a_2) \ldots$ zu setzen. Seien K_3 und K_4 zwei andere Kugeln, deren Centren auf $M_1 M_2$ liegen, so ist

$$a_3 = \frac{a_1 - a_2 \lambda}{1 - \lambda} \ldots \quad a_4 = \frac{a_1 - a_2 \lambda'}{1 - \lambda'} \ldots \text{ und es wird}$$

$$a_3 - a_4 = \frac{\lambda - \lambda'}{(1 - \lambda)(1 - \lambda')} (a_1 - a_2) = \mu (a_1 - a_2) = \nu a'.$$

Also:

Alle Kugeln des Komplex, deren Centren in Einer Geraden, schneiden sich im selben Kreis, bilden eine Schar. Jede Plankugel kann als Potenzebene je zweier Kugeln angesehen werden, deren Centrale auf ihr senkrecht steht. Die ∞^3fache Menge der Kugeln des Komplex schneiden sich in der ∞^2fachen Menge seiner Plankugeln.

Seien $K_1 . K_2 . K_3$ drei Kugeln des Komplex, welche nicht zur selben Schar gehören. Das System

$$K_1 = 0, \quad K_2 = 0, \quad K_3 = 0$$

ist $\{$ dem System

$$K_1 = 0, \; K_2 - K_3 = 0, \; K_3 - K_1 = 0,$$

d. h. also:

3 Kugeln, welche nicht zu Einer Schar gehören, schneiden sich in zwei Punkten, welche auch zusammenfallen, und auch imaginär werden können.

Gehören die 3 Kugeln zum Komplex, so geht die Schnittgerade der beiden Ebenen des Systems als Potenzaxe durch den Kern; also:

3 Kugeln des Komplex, welche nicht zur selben Schar gehören, schneiden sich in einem Punktpaar, das mit dem Kern in Einer Geraden liegt.

Sei AB ein solches Paar, so ist nach dem Potenzsatz $OA . OB = p = \varrho^2$, wo ϱ der Radius der Hauptkugel, schneidet AB diese Kugel in H_1 und H_2, so werden A und B durch H_1 und H_2 harmonisch getrennt. Auf jedem Strahl, der von O ausgeht, jedem Kernstrahl, giebt es zu jedem Punkt A einen entsprechenden Punkt B, so dass $OA\,OB = \varrho^2$. Ist $A\{x \ldots$, und $B\{x_1 \ldots$, so ist $x_1 = OB \cos \alpha$, wenn α der betreffende Richtungswinkel von OA ist, also

$$x_1 = \frac{OB\,x}{OA} = \frac{x\,p}{OA^2} \ldots$$

und ebenso umgekehrt

$$x = \frac{x_1\,p}{OB^2} \ldots$$

Jede Komplexkugel, welche durch A geht, geht durch B u. v. v., denn wenn $K\{a, b, c, p$ die Kugel durch A und $OA = r$, $OB = r_1$, so ist

$$\frac{x_1^2 p^2}{r_1^4} + \ldots - 2a\frac{x_1 p}{r_1^2} \ldots + p = 0, \text{ oder}$$

$$\frac{p^2}{r_1^4}(x_1^2 + y_1^2 + z_1^2) + \ldots = 0, \text{ da aber}$$

$$x_1^2 + y_1^2 + z_1^2 = r_1^2, \text{ so ist}$$

$$\frac{p^2}{r_1^2} - 2a\,x_1\frac{p}{r_1^2} \ldots + p = 0,$$

oder durch p dividiert und mit r_1^2 multipliziert und umgekehrt geschrieben:

$$x_1^2 + y_1^2 + z_1^2 - 2a\,x_1 - 2b\,y_1 - 2c\,z_1 + p = 0.$$

Die Punkte auf dem Strahl OA bilden eine involutorische Punktreihe oder kurz eine **Involution** und zwar sind 2 Fälle zu unterscheiden, je nachdem ϱ^2 positiv oder negativ ist. Im ersteren Falle ist ϱ und damit die Hauptkugel reell; sie schneidet AB zwischen A und B und in der Verlängerung, die Punkte H_1 und H_2 sind **reell**, sie heissen die **Hauptpunkte der Involution**, und die Involution selbst **hyperbolisch**. Ist ϱ^2 negativ, so ist die Hauptkugel, und damit H_1 und H_2 imaginär, die Punkte A und B liegen zu verschiedenen Seiten von O, die Involution ist **elliptisch**. Ist die Hauptkugel reell, so schneiden sich 2 Komplex-Kugeln, deren Centren auf Einem Kernstrahl liegen, nicht; dann kann man wie in T. 1, S. 68 Kugeln konstruieren, welche denselben imaginären Schnittkreis haben; und dann schlägt man um jeden Punkt P die Komplexkugel, indem man von P an die Hauptkugel der Tangente zieht; im Innern der Hauptkugeln liegen dann keine (reellen) Centren.

Ist die Hauptkugel imaginär, oder $p = -\varrho^2$, so tritt an ihre Stelle als Vice-(Haupt-) Kugel die Kugel um den Kern O mit Radius ϱ, sie gehört selbst zum Komplex und wird daher von allen Kugeln des Komplex in einem Grössten Kreis (Kugelgerade) geschnitten. Man schlägt dann um P die Komplexkugel, indem man auf PO einen senkrechten Radius der Vicekugel zieht, und sein Ende mit P verbindet; hier ist jeder Punkt Centrum einer (reellen) Komplexkugel.

§ 17. Die Inversion.

Man kann auf die Zuordnung der Punkte A und B durch die Relation $OA \, . \, OB = p = \varrho^2$ eine geometrische Verwandtschaft, d. h. Zuordnung von Figuren gründen, welche von grosser praktischer Bedeutung geworden ist. A und B heissen dann ein Paar inverser Punkte (T. 1, § 35), es ist zweckmässig, das Punktpaar mit AA_1 etc. zu bezeichnen. Dann ist unmittelbar klar, dass wenn p positiv, die Inversion: äussere, die Hauptkugel, die jetzt Inversator heisst, sich selbst in der Weise entspricht, dass jeder Punkt mit seinem entsprechenden zusammenfällt; ist p negativ, die Inversion: innere, so wird die Vice-Kugel zum Inversator, auch sie entspricht sich selbst, aber so dass jeder Punkt seinem entsprechenden diametral gegenüber liegt. Jede Kugel, des Ω entspricht sich ebenfalls selbst, wie auch jeder Kreis, in dem sich 2 Kugeln des Ω (also alle auf ihrer Centrale), schneiden, sich selbst entspricht.

Sei $K\{\alpha \ldots \pi$ eine beliebige Kugel, $P\{x \ldots$ einer ihrer Punkte, dann ist nach dem vorigen § $P_1\{x_1 \ldots$ wo

$$x_1 = \frac{x\,p}{OP^2} \text{ (OP sei r; } OP_1 = r_1\text{) und}$$

$$x = \frac{x_1 p}{r_1^2}, \text{ also geht K über in}$$

$$\frac{x_1^2 p^2}{r_1^4} + \ldots - 2\alpha \frac{x_1 p}{r_1^2} \ldots + \pi = 0, \text{ oder in}$$

$$r_1^2 - 2\alpha x_1 \frac{p}{\pi} - \ldots + \frac{p^2}{\pi} = 0, \text{ d. h.}$$

S. 1) Die inverse Fläche einer Kugel K ist wieder eine Kugel K′.

Die Koordinaten von K′ sind also $\alpha \frac{p}{\pi} \ldots \frac{p^2}{\pi}$; die Centren M und M′ liegen mit dem Kern daher (Proportionalität der Richtungsfaktoren von OM und OM′) in Einer Geraden, sie sind nicht inverse Punkte, aber da

$$\frac{OM'}{OM} = \frac{\alpha'}{\alpha} = \frac{\beta'}{\beta} = \frac{\gamma'}{\gamma} = \frac{p}{\pi},$$

so ist, wenn wir die Radien der Kugeln R und R′ nennen:

$$\left|\frac{OM'}{OM}\right| = \frac{R'}{R}, \text{ d. h.}$$

Satz 2) Der Kern (T. 1. Centrum) der Inversion ist Aehnlichkeitspunkt für je zwei inverse Kugeln.

(Aeusserer, wenn p und π gleiches Zeichen, innerer, wenn sie entgegengesetztes Zeichen haben.)

Ist $\pi = 0$, d. h. geht die Kugel K durch O, so rücken Centrum und Radius von K' ins Unendliche, d. h. K' wird zur Ebene.

S. 3) Die inverse Fläche einer Kugel durch den Kern ist eine Plankugel.

Die Gleichung dieser Ebene ist

$$\alpha x_1 + \beta y_1 + \gamma z_1 - \frac{p}{2} = 0,$$

d. h. ihre Richtungsfaktoren sind denen des Strahls OM proportional, also:

S. 4) Die einer Kugel durch den Kern, Kernkugel, inverse Plankugel ist parallel der Tangentialebene der Kernkugel im Kern.

Der Fusspunkt F_1 des vom Kern O auf die Plankugel gefällten Lotes ist (§ 7) $\left\{\frac{\alpha p}{2 R^2} \ldots\right.$ d. h.

S. 5) Der Fusspunkt des vom Kern auf die Plankugel gefällten Lotes ist invers zum Schnittpunkt dieses Lotes mit der inversen Kugel.

Da die Inversion auf Gegenseitigkeit beruht (T. 1, S. 156), so gehört zu jeder Ebene oder Plankugel als inverse Fläche eine Kernkugel. Jedem Kreis (als Schnitt zweier Kugeln) entspricht wieder der Kreis, in welchem sich die inversen Kugeln schneiden. Jeder

Geraden, als Schnitt zweier Ebenen, entspricht wieder ein Kreis als Schnitt zweier Kernkugeln, also ein Kreis durch O, wie schon daraus folgt, dass O allen unendlich fernen Punkten, und somit auch denen der Geraden invers ist.

Sei w ein linearer Kugelkomplex, dessen Kern nicht O ist, seine konstituierende Gleichung sei (10) in der Form:

$$(10) \qquad a\alpha \ldots - \frac{1}{2}(\pi + k) = 0.$$

Es waren die Koordinaten der $\alpha \ldots \pi$ inversen Kugel $\alpha_1 \ldots \pi_1$, wo

$$\alpha_1 = \alpha \frac{p}{\pi} \ldots \pi_1 = \frac{p^2}{\pi}, \text{ also } \alpha = \alpha_1 \frac{\pi}{p} \ldots \pi = \frac{p^2}{\pi_1} \text{ oder } \frac{\pi_1}{p} = \frac{p}{\pi}$$

somit

$$a\alpha_1 \frac{\pi}{p} + \ldots - \frac{1}{2}\left(\frac{p^2}{\pi_1} + k\right) = 0,$$

$$a\alpha_1 p + \ldots - \frac{1}{2}(p^2 + k\pi_1) = 0; \text{ somit}$$

$$12) \quad \frac{pa}{k}\alpha_1 + \ldots - \frac{1}{2}\left(\pi_1 + \frac{p^2}{k}\right) = 0; \text{ in Worten:}$$

S. 6) Einem linearen Komplex entspricht invers wiederum ein linearer Komplex, und zwar sind die Hauptkugeln selbst entsprechende Kugeln, die Potenz der Inversion ist mittlere Proportionale zwischen den Potenzen der Komplexe (denn der Vergleich zwischen 10) und 12) ergiebt $a_1 = a\frac{p}{k} \ldots k_1 = \frac{p^2}{k}$).

Wie man in der Ebene durch 2 Paare inverser Punkte, welche nicht in Einer Geraden liegen, einen Kreis legen konnte, der im Kern die Potenz der Inversion hat, so kann man im Raum durch 3 Paar inverser Punkte, welche nicht auf Einer Ebene liegen, eine Kugel legen, welche im Kern O die Potenz der Inversion hat; daher liegen zwei inverse Kreise (wenn sie nicht in Einer Ebene liegen, in welchem Falle der Kern in dieser Ebene liegt), auf Einer Kugel; die Inversionsstrahlen bilden einen (graden oder schiefen) Kreiskegel und man hat den Satz:

S. 7) Ein Kreiskegel, welcher eine Kugel in Einem Kreise schneidet, schneidet sie auch in einem zweiten Kreise.

Die auf S. 156, T. 1 gegebenen Sätze bleiben mit der für den Raum nötigen Erweiterung bestehen.

Wir sagen, dass 2 Flächen φ und F sich im Punkt P berühren, wenn sie in P eine gemeinsame Tangentialebene (§ 11) haben. Dieser Ebene ε entspricht dann invers eine Kernkugel $\varkappa$, welche die inversen Flächen φ_1 und F_1 in P_1, dem inversen von P, berührt, wie aus der Eindeutigkeit und Gegenseitigkeit der inversen Beziehung sofort erhellt. Haben die 2 Flächen in P einen gemeinsamen Punkt, und sind ε und e ihre Tangentialebenen in P, so entsprechen diesen 2 Kernkugeln durch P_1 deren Tangentialebenen in O den Ebenen ε und e parallel sind (Satz 4). Die Tangentialebenen an die Kugeln in P_1 sind, wie eben bemerkt, zugleich die der Flächen φ_1 und F_1 in P_1 und da 2 Kugeln, wegen der Kongruenz der Dreiecke aus den Radien und der Centrale sich überall unter demselben Winkel schneiden, so schneiden sich auch die Flächen φ' und F' unter demselben Winkel wie die Flächen φ und F; wir haben somit den wichtigsten Satz der Inversion:

S. 8) Zwei beliebige Flächen oder Linien schneiden sich in jedem gemeinsamen Punkt unter demselben Winkel, wie ihre inversen Flächen im inversen Punkte.

Hieraus folgt sofort:

S. 9) Einem unendlich kleinen Tetraeder entspricht wieder ein unendlich kleiner Tetraeder mit den gleichen Winkeln der Flächen und Kanten (denn im Dreikant bezw. sph. Dreieck bestimmen die Winkel die Seiten) oder:

Jedem unendlich kleinen Tetraeder entspricht invers ein kongruent- oder symmetrisch-ähnliches.

Da wenn der Hauptkreis reell die inversen Punkte an derselben Seite des Kern liegen und stets, je näher der eine dem Kern, desto weiter der andere, so tritt Fall 2 bei positiver, Fall 1 bei negativer Potenz ein.

Die Inversion, auch Kreisverwandtschaft (Möbius) oder Transformation durch reziproke Radien (Liouville) genannt, ist daher eine winkeltreue oder konforme Abbildung des Raumes auf sich selbst, ja sie ist in gewissem Sinne die einzige; da die ähnliche Abbildung oder Abbildung im veränderten Massstab durch 2 Inversionen desselben Punktes vom selben Kern aus ersetzt werden kann. Ist $OA . OA_1 = p$ und $OA . OB_1 = q$, so ist

$$\frac{OA_1}{OB_1} = \frac{p}{q}.$$

Die Aehnlichkeit ist äussere, wenn beide Potenzen gleiches Zeichen haben, sonst innere.

Von der Inversion macht man Anwendung in der Theorie der höheren Kurven (vgl. T. 1 Cissoïde und Lemniscate) und Flächen, in der Potentialtheorie, in der Maschinenbaukunst zur wirklichen Geradführung, und in der Kartenzeichnung bei der sogen. „Stereographischen" Projektion. Nimmt man O auf der Erd-

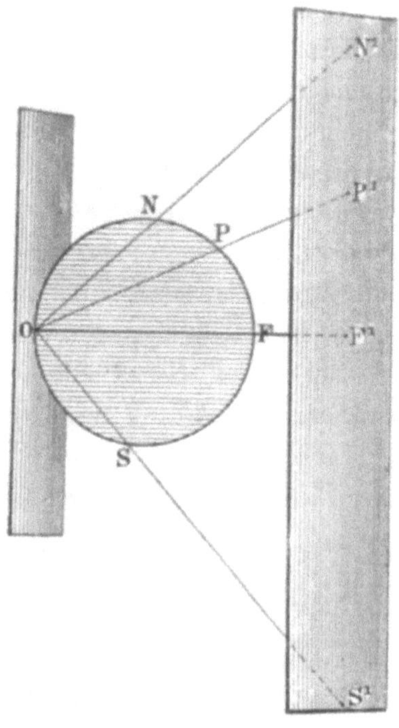

Fig. 11.

kugel an und projiziert sie durch einen von O ausgehenden Strahlenkegel auf eine Ebene ε parallel der Tangentialebene an die Kugel in O, so ist damit eine Abbildung durch Inversion gesetzt, sobald O mit der Potenz $OF\,OF_1 = +p$ ausgestattet wird (Fig. 11), wo

F der Fusspunkt des von O auf ε gefällten Lothes, F_1 der Endpunkt des von O ausgehenden Durchmessers ist; denn sind P und P_1 ein Paar entsprechender Punkte, so sind OPF und OP_1F_1 $\sim$, da OPF als Peripheriewinkel auf dem Halbkreis ein Rechter, also $OP\,OP_1 = OF\,OF_1 = p$.

Die Meridiane verwandeln sich dann in Kreise durch die dem Nord- und Südpol N und S entsprechenden Punkte N_1 und S_1, die Parallelkreise in Kreise, welche jene rechtwinklig durchschneiden. Man erreicht dadurch, dass alle Winkel auf der Karte richtig bleiben, d. h. denen der entsprechenden Linien auf der Erde gleich sind. Die Radien der inversen Meridiane wechseln, dem Meridian durch O selbst entspricht die Gerade N_1S_1; fällt O mit N zusammen, so werden die inversen Meridiane zu einem Strahlenbüschel durch S_1 und die Parallelkreise zu konzentrischen Kreisen um S_1.

Alle diese Sätze sind synthetisch entwickelt von Reye in seiner leider wenig verbreiteten synthetischen Geometrie der Kugeln. Leipz. 1879.

IV. Abschnitt.

Die Flächen 2. Gerades und 2. Klasse in allgemeiner Behandlung.

---

§ 18. Die homogene Gleichung 2. Grades mit 4 Variabeln.

Die Kugelgleichung war sowohl in Punkt- als Ebenenkoordinaten quadratisch; die Kugel gehört daher zu den Flächen 2. Grades und 2. Klasse. Flächen, (§ 11), von denen nicht mehr als 2 Elemente zu einer Geraden gehören, wenn wir als Element der Fläche 2. Grades einen ihrer Punkte, als Element der Fläche 2. Klasse eine berührende Ebene ansehen. Wir bewiesen schon in § 11 allgemein, dass bei einer Fläche n. Grades, F^n nach Reye (Geometrie der Lage), nicht mehr als n-Punkte auf einer Geraden liegen, und bei einer Fläche n. Klasse φ^n nicht mehr als n-Ebenen sich in einer Geraden schneiden. Es ist

$$1) \quad a_{00} r^2 + 2a_{01} rs + 2a_{02} rt + 2a_{03} r + a_{11} s^2 + 2a_{12} st + 2a_{13} s + a_{22} t^2 + 2a_{23} t + a_{33} = 0$$

die allgemeinste Form einer Gleichung 2. Grades in 3 Variabeln; wir machen die Gleichung homogen durch Einführung einer Hilfsvariabel, indem wir setzen

$$r = \frac{s_0}{s_3}; \quad s = \frac{s_1}{s_3}; \quad t = \frac{s_2}{s_3}.$$

Sollen r... Punktkoordinaten bedeuten, so schreiben wir dafür x, y, z, und setzen $s_0 \ldots$ gleich $x_0 \ldots$; wird für x_3 dann 1 gesetzt, so ist $x = x_0$; $y = x_1$; $z = x_2$. Sollen r, s, t, Ebenenkoordinaten bedeuten, so schreiben wir dafür u, v, w, wenn es Axenkoordinaten sind; die allgemeinen Ebenenkoordinaten sind homogen und werden dadurch gekennzeichnet, dass für s gesetzt wird σ, ist $\sigma_0{}^2 + \sigma_1{}^2 + \sigma_2{}^2 = 1$, so haben wir Hesse'sche Koordinaten.

Durch Einführung der Hilfsvariabel geht 1) über in die bequeme Form 2) $\Sigma a_{ik} s_i s_k = 0$
wo $a_{ik} = a_{ki}$ und die Indices i und k der Reihe nach die Werte 0 bis 3 durchlaufen. Die linke Seite von 2) heisst homogene Form 2. Grades und werde mit G^2

bezeichnet; werden durch die s-Punktkoordinaten ausgedrückt, so ist $G^2=0$ die allgemeine Gleichung der Fläche 2. Grades, die wir mit Reye (Geometrie der Lage) F^2 nennen, liefern die s Ebenenkoordinaten, so ist $G^2=0$ die Gleichung einer Fläche 2. Klasse: φ^2 nach Reye; zusammenfassend sagen wir $G^2=0$, stelle ein Gebilde 2. Ordnung G^2 dar.

Die Form 2) enthält 10 Konstanten, da aber die Gesamtheit der Systeme $s_0 \ldots$, welche die Gleichung 2) erfüllen, sich nicht ändert, (kurz: die Valenz der Gleichung ungeändert bleibt) wenn man mit einer Konstanten multipliziert, und nicht alle a, ja sogar nicht alle Koeffizienten $a_{00}\ a_{01}\ a_{02}\ a_{11}\ a_{12}\ a_{22}$ verschwinden dürfen, so kann man durch einen von ihnen z. B. a_{00} dividieren und die Form 2) hängt also nur von den 9 Quotienten ab. Bezeichnet man allgemein ein Wertsystem der s, welches die Gleichung 2) erfüllt als Element des Gebildes G^2, so sieht man, dass im allgemeinen die Form durch 9 Elemente und damit auch das Gebilde G^2 durch 9 seiner Elemente bestimmt ist, da aus 9 linearen Gleichungen im allgemeinen die 9 Quotienten berechnet werden können als Funktionen der 9 Wertsysteme $s^1_0 \ldots$ bis $s^9_0 \ldots$ Also: S. 1) Eine F^2 bezw. φ^2 ist durch 9 ihrer Punkte bezw. Ebenen im Allgemeinen bestimmt.

Sind 8 Elemente von G^2 gegeben, so kann das 9. beliebig gewählt werden, und es giebt unzählige Gebilde G^2, welche dieselben 8 Elemente besitzen. Man erhält dann zur Bestimmung der 9 Quotienten 8 lineare Gleichungen und kann dann 8 durch den 9. ausdrücken. Nehmen wir an, wir hätten durch a_{00} dividiert und bezeichnen $\frac{a_{ik}}{a_{00}}$ mit b_{ik} dann kann man z. B. die 8 ersten Quotienten durch den letzten b_{33} ausdrücken, und es ist $b_{ik} = S_{ik} + S'_{ik} b_{33}$ wo die S ganz bestimmte Funktionen der 8 gegebenen Elemente s sind, also ganz bestimmte Zahlen, wir erhalten also

$$\frac{G^2(a)}{a_{00}} \equiv G^2(S) + b_{33}\, G^2(S^1) \text{ und } G^2 = 0 \left\{ G^2(c) + \lambda G^2(d) \right\}.$$

Wenn wir S_{ik} mit c_{ik} und S'_{ik} mit d_{ik}, und b_{33} mit λ bezeichnen, wo λ jeden beliebigen Wert haben kann.

Es sind aber $G^2(c) = 0$, $G^2(d) = 0$ die Gleichungen zweier Gebilde 2. Grades C und D, diese haben zunächst die 8 gegebenen Elemente gemeinsam, wie man sieht wenn man $\lambda = 0$ setzt, aber ausserdem noch unzählig viele andere, welche eine einfach unendliche stetige Menge bilden, die als Schnittgebilde von C und D bezeichnet wird. Für jedes Element des Schnitts wird aber nach $G^2(a) = 0$, d. h. $G^2(a)$ stellt ein Gebilde dar, das den Schnitt von $G^2(d)$ und $G^2(c)$ enthält (durch den Schnitt hindurchgeht): also

S. 2). Soll das Gebilde G^2 durch 9 seiner Elemente **bestimmt** werden, so dürfen die 9 Elemente nicht auf dem Schnitt zweier Gebilde 2. Grades liegen.

S. 3). 2 Gebilde, welche 8 Elemente gemein haben, haben unzählig viele andere, die des Schnittgebildes, gemeinsam.

Da ein Produkt zweier Formen ersten Grades auch eine Form 2. Grades ist, so kann es vorkommen, dass z. B. $g^2(c)$, d. h. die Form von $G^2(c)$ gleich

$H'K'$ ist wo $H'=0$ oder $K'=0$ ein Gebilde erster Ordnung, also entweder eine Ebene oder einen Punkt darstellen, dann ist

$$G^2(a)=G^2(b)+\lambda H'K'=0$$

die Gleichung des Gebildes G^2, dies enthält die Elemente, welche den Gebilden $\begin{matrix} G^2(b)=0 \\ H'=0 \end{matrix}$ und diejenigen, welche $\begin{matrix} G^2(b)=0 \\ K'=0 \end{matrix}$ gemein sind.

Umgekehrt ist klar, dass, wenn die zwei Gebilden $G^2(a)$ und $G^2(b)$ gemeinsamen Elemente einem Gebilde erster Ordnung $H'=0$ angehören, $G^2(a)=G^2(b)+\lambda H'K'$ sein muss: Also

S. 3). Zwei Gebilde 2. Grades, deren Schnitt einem Gebilde 1. Grades angehört, besitzen noch einen 2. Schnitt der einem 2. Gebilde 1. Grades angehört.

Die beiden Schnitte und damit die beiden Gebilde ersten Grades können zusammenfallen, so dass $G^2(a) = G^2(b)+\lambda(H')^2$, denn zählt man diesen Schnitt doppelt, und sagt, dass $G^2(a)$ und $G^2(b)$ sich in diesem Schnitt berühren.

Ist G^2 eine F^2, so ist $H'=0$ eine Ebene ε, der Schnitt ist, wie man erkennt, wenn man eine Koordinatenebene parallel der Ebene ε annimmt, ein Kegelschnitt (eine Kurve 2. Grades, C^2 nach Reye). Ist G^2 eine φ^2, so ist $H'=0$ die Gleichung eines Punktes P, das Schnittgebilde wird gebildet von der Gesamtheit aller Ebenen der φ^2, welche durch den Punkt P gehen (und Tangentialebenen an die φ^2 sind), sie bilden den Tangentenkegel von P an die φ^2. Also spaltet sich Satz 3 in:

S. 3a). Zwei F^2, welche einen Kegelschnitt gemeinsam haben, haben noch einen zweiten Kegelschnitt gemeinsam.

S. 3b). Zwei φ^2, welche einen Tangentenkegel gemeinsam haben, haben noch einen zweiten Tangentenkegel gemeinsam.

Da ein Kreiskegel eine F^2 ist, weil er von keinen Geraden ausserhalb in mehr als 2 Punkten geschnitten wird, so war der Satz von der Kugel ein Beispiel zu 3a).

Es braucht nicht erst bemerkt zu werden, dass einer oder beide dieser Schnitte auch imaginär werden können.

Sind von den Elementen des Gebildes G^2 oder G(a) 7 bekannt, so kann man 9 der Quotienten durch zwei von ihnen ausdrücken und erhält, wie vorhin

$$G^2(a) \left\{ G^2(b) + \lambda G^2(c) + \mu G^2(d). \right.$$

Man sieht, dass zu $G^2(a)$ alle Elemente gehören, welche B, C, D gemeinsam sind, dies sind zunächst die 7 gegeben, wie man sich überzeugt, indem man λ und μ zuerst beide Null setzt, dann μ allein, aber ausserdem noch ein 8tes das im allgemeinen von den 7 verschieden ist, da 3 Gleichungen 2. Grades, wie die Algebra zeigt, 8 gemeinsame Lösungen haben. Also

S. 4). Zwei Gebilde zweiter Ordnung, welche 7 Elemente gemeinsam haben, haben auch noch ein durch die 7 bestimmtes 8tes Element gemeinsam.

Die Form von D kann wieder das Produkt zweier Formen ersten Grades sein, oder wie man sich ausdrückt, das Gebilde D kann in zwei Gebilde erster Ordnung H' und K' zerfallen, dann haben B, C und H' vier Elemente, B, C und K' auch 4 Elemente gemeinsam. Der Schnitt zweier Gebilde 2. Grades wird von einem Gebilde ersten Grades, das nicht ganz zu ihm gehört, in 4 Elementen geschnitten. Sind die Gebilde zweiter Stufe F^2's, so ist H' eine Ebene, sind sie φ^2, so ist H_2' ein Punkt, im ersten Fall nennt man den Schnitt der F's eine Raumkurve, im zweiten Fall, eine geradlinige oder Regelfläche, von der Raumkurve liegen nicht mehr als 4 Punkte auf einer Ebene, bei der Regelfläche gehen nicht mehr als 4 ihrer (Tangential) Ebenen durch einen Punkt, beide Schnittgebilde nennt man daher vom 4. Grade.

§ 19. **Polare.**

Sei

$$G = \Sigma a_{ik} s_i s_k = a_{00} s_0^2 + 2 a_{01} s_0 s_1 + 2 a_{02} s_0 s_2 + a_{11} s_1^2 + \ldots\ldots = 0$$

als Gleichung des Gebildes G gegeben; jedes Wertsystem der Variabeln heisse Element des Gebiets, und wenn es die Gleichung 1) erfüllt, so heisst es Element des Gebildes; es wird kurz mit s bezeichnet, soll das Element hervorgehoben werden, so setzen wir statt G : G (s).

Schon in § 4 ist bewiesen, dass

$$2)\quad G(s+s') = G(s) + 2\,\Sigma s_i'\, G'(s_i) + G(s')$$

wo

3) $G'(s_i) = a_{i_0} s_0 + a_{i_1} s_1 + a_{i_2} s_2 + a_{i_3} s_3 = \Sigma_k a_{ik} s_k$
($2 G'(s_i)$ heisst die Ableitung von $G(s)$ nach s_i).

Die Form $\Sigma s' G'(s_i)$ sowie jede äquivalente heisst Polarform $P(s' G)$ des Pol(elements) s' für die Form G; sieht man darin s' als gegeben, s als variabel an, so ist $P(s' G) = 0$ ein Gebilde erster Ordnung und heisst die Polare von s' in Bezug auf das Gebilde $G = 0$.

Es ist $G(s + s') = G(s' + s)$ und somit

4) $P(s' G) = \Sigma s'_i G'(s_i) = \Sigma s_i G'(s'_i) = P(s, s')$

ferner war (§ 4)

5) $\Sigma s_i G'(s_i) \equiv G(s)$.

Aus 4) folgt sofort:

S. 5). **Gehört das Element s zur Polare des Poles s', so gehört das Element s' zur Polare des Element s.**

Aus 5) folgt ebenso schnell:

S. 6). Liegen Pol und Polare in einander, so gehört der Pol zum Gebilde G und umgekehrt.

Bestimmen die Variabeln Punkte oder kurz ist das Polelement ein Punkt, so ist die Polare eine Ebene, deren Koordinaten $G'(s_i)$ sind; ist das Polelement s eine Ebene, so ist die Polare ein Punkt dessen Koordinaten $G'(s_i)$ sind, also

S. 7). Pol und Polare sind stets von entgegengesetzter (reciproker) Beschaffenheit.

Dieser Satz legt es nahe, diese Beziehung zu benützen, um zwischen Punkt und Ebenenkoordinaten zu wechseln, indem man $G'(s_i) = \sigma_i$ setzt; also setzt:

$$6)\quad \begin{aligned} a_{00}s_0+a_{01}s_1+a_{02}s_2+a_{03}s_3&=\sigma_0\\ a_{10}s_0+a_{11}s_1+a_{12}s_2+a_{13}s_3&=\sigma_1\\ a_{20}s_0+a_{21}s_1+a_{22}s_2+a_{23}s_3&=\sigma_2\\ a_{30}s_0+a_{31}s_1+a_{32}s_2+a_{33}s_3&=\sigma_3\end{aligned}$$

ein System von 4 homogenen linearen Gleichungen.

Das System 6) gestattet im allgemeinen die s umgekehrt durch die σ auszudrücken, und man erhält

$$7)\quad s_i=\alpha_{i_0}\sigma_0+\alpha_{i_1}\sigma_1+\alpha_{i_2}\sigma_2+\alpha_{i_3}\sigma_3=H'(\sigma_i)$$

wo die α Funktionen der a_{ik} sind, die alle denselben Nenner A haben. Nur wenn $A=0$ ist, ist die Umkehrung der Beziehung zwischen den s und σ nicht gestattet, dies kann nur eintreten, wenn die 4 Gleichungen 6) miteinander unvereinbar sind, d. h. wenn eine der $G'(s_i)$ schon durch die 3 anderen bestimmt ist, also $A=0$ ist eine Gleichung zwischen den Koeffizienten a_{ik}, welche aussagt, dass wenn 3 der $G'(s_i)=0$ sind, die Vierte es von selbst ist. Ist $A=0$, so soll die Form und das Gebilde G uneigentlich genannt werden.

Ist die Grundform G eigentlich, so gehört zu jeder Form H(s) eine Wechselform H(σ), und zu jedem Gebilde $H(s)=0$, ein Wechselgebilde $H(\sigma)=0$. Die Gebilde H und $\mathfrak{H}$ sind im allgemeinen verschieden, aber von gleicher Ordnung, nur in verschiedenen Raumelementen; sind sie identisch, so müssen Pol und Polare in einander liegen, also

S. 8). Das Gebilde G ist sein eigenes Wechselgebilde Γ.

S. 9). Ist σ die Polare zum Pol s in Bezug auf G, so ist s die Polare zum Pol σ in Bezug auf Γ.

Man erhält H und damit Satz 8 und 9 wenn man 5) in der Form schreibt $\Sigma s_i \sigma_i = 0 = \Sigma \sigma_i H'(\sigma_i)$, und damit zugleich

S. 10). Die Wechselform einer Wechselform ist wieder die ursprüngliche Form.

§ 20. Das Tangential-Element.

Es seien s′ und s″ zwei Elemente des Gebiets der s, dann nennt man den Komplex aller Elemente $s \left\{ s'_i + \lambda s''_i \right.$, wo λ von $-\infty$ bis $+\infty$ läuft die Gerade S′S″, wenn noch festgesetzt wird, dass für $\lambda \pm \infty$ Element $s = s''$ sei. Setzen wir in G (s) diese Werte für s_i ein, so giebt 2) wenn s zum Gebilde G gehören soll

$$8) \quad G(s) = G(s') + 2\lambda P(s's'') + \lambda^2 G(s'') = 0.$$

Dies ist für λ eine quadratische Gleichung, also

S. 11). Ein Gebilde 2. Ordnung hat mit einer Geraden ausser ihr nicht mehr als 2 Elemente gemeinsam.

Eine F^2 wird von einer Geraden ausser ihr in nicht mehr als 2 Punkten geschnitten.

S. 12. Eine F^2 wird von einer Ebene in einem Kegelschnitt geschnitten.

Eine φ^2 wird von einem Punkt in einem (Tangenten) Kegel 2. Grades geschnitten.

Ist s′ auf G, so ist $G(s') = 0$ und eine Wurzel λ der Gleichung 5), wie vorauszusehen, ist Null; ist aber auch $P(s's'') = 0$, d. h. liegt s″ auf der Polaren zu s′, auf der s′, weil zu G gehörig, ebenfalls liegt, so wird auch die 2. Wurzel λ zu 0, der zweite Schnittpunkt der Geraden S′S″ (kurz g) fällt mit s′ zusammen, die Gerade g heisst dann Tangente in s'. Die Polare zu einem Element s' des Gebildes G ist also der Ort aller Tangenten an G in s'. Als solche heisst sie: Tangentiale. Die Tangentiale lässt noch eine zweite Auffassung zu. Wenn $\lambda s''$ unter jedes Mass klein, so verschwindet $\lambda^2 G''(s'')$ gegen λ.

Ist s' ein Element von G, $s' + \lambda s''$ irgend ein benachbartes, so ergiebt 8) $P(s' \lambda s'') = 0$, und wenn man $\lambda s''$ beliebig variabel setzt, also $\lambda s_i'' = s_i$, so ist dies die Gleichung der Polaren von s', der also alle s' benachbarten Elemente von G genügen, wie bereits im § 11 S. 49 nachgewiesen. Wir formulieren:

S. 13. Alle Tangenten in einem Punkt s' einer Fläche F^2 liegen auf einer Ebene, der Tangentialebene an F^2 in s', welche zugleich die Polare (Ebene) von s' ist.

S. 14. Alle Tangenten in Einer Ebene s' einer Fläche φ^2 liegen auf Einem Punkt, dem Berührungspunkt, welcher zugleich Polare (Punkt) von s' ist.

S. 15. Eine eigentliche Fläche 2. Grades ist zugleich eine (eigentliche) Fläche 2. Klasse und umgekehrt.

Es kann vorkommen, dass ein Element s keine bestimmte Polare besitzt; dies tritt ein, wenn $P(s\sigma)$ identisch verschwindet, d. h. alle $G'(s_i)$ gleich Null sind, da dann nach 5) auch G (s) verschwindet, so liegt ein solches Element stets auf G, und ist durch 4 homogene lineare Gleichungen bestimmt, die 4. muss also von selbst erfüllt sein, es muss also zwischen den

Koeffizienten die Gleichung $A = 0$ herrschen, dies Gebilde G muss ein uneigentliches sein, und es giebt im allgemeinen nur ein solches Element s, das wir Doppelelement nennen. Verschwindet ausser $P(s' s'')$ in der Gleichung 8) noch $G(s'')$, d. h. liegt ausser dem Berührungspunkt noch ein Element des Gebildes G auf der Tangente, so verschwindet 8) identisch, d. h. es liegt die ganze Tangente in s' auf G. Man sieht, dass jede Gerade durch ein Doppelelement entweder ganz in G liegt, oder mit G ausser dem Doppelelement kein Element gemeinsam hat; das erstere tritt ein, wenn die Gerade ein Element von G mit dem Doppelelement verbindet. Also:

S. 16. Eine F^2 mit einem Doppelpunkt ist eine Regelfläche (geradlinige Fläche), deren sämtliche Gerade durch den Doppelpunkt hindurchgehen, sie heisst Kegel 2. Grades, der Doppelpunkt Spitze.

S. 17. Alle Tangentialebenen des Kegels gehen durch die Spitze, jede Ebene durch die Spitze schneidet den Kegel in einem reellen oder imaginären Kegelschnitt mit einem Doppelpunkt, d. h. in zwei Geraden.

S. 18. Eine φ^2 mit einer Doppelebene ist eine Regelfläche, deren sämtliche Gerade auf der Doppelebene liegen; die sämtlichen Berührungspunkte liegen auf der Doppelebene und bestimmen einen Kegelschnitt.

Es kann vorkommen, dass G noch ein zweites Doppelelement besitzt, s' und s'', dann sieht man sofort, dass auch $s' + \lambda s''$ ein Doppelelement, d. h. das

Gebilde besitzt eine Doppelgerade und reduziert sich bei Punktkoordinaten auf 2 sich schneidende Ebenen, bei Ebenenkoordinaten auf 2 Punkte. Rückt die Spitze des Kegels ins Unendliche, so nennt man den Kegel: Cylinder.

Die uneigentlichen F^2 sind also: Kegel, Cylinder, System 2 Ebenen, Doppelebenen; die uneigentlichen φ^2: Doppelebene, unendlich ferne Ebene, System 2 Punkte; (Doppelpunkt).

§ 21. Pol und Polare.

Sei jetzt s' ein beliebiges Element, s ein zweites und $s_1 + \lambda s$ die Verbindungsgerade; die Grösse λ ist wenn wir s'_4 und s_4 als 1 ansehen, das Teilungsverhältnis der Strecke s' s, wenn wir den Begriff Strecke hier im erweiterten Sinne benützen, so dass er auch den Winkel zwischen s und s' bedeuten kann. Zwei Elemente λ und λ' auf s' s heissen wieder harmonisch, wenn $\lambda + \lambda' = 0$ ist. Für die Schnittelemente von s' s mit G gilt die Gleichung

8) $\lambda^2 G^2(s) + 2\lambda P(s s') + G(s') = 0,$

sie ergiebt für λ

9) $\lambda = -\frac{1}{G(s)}(P(s s') \pm \sqrt{P^2(s s') - G(s) G(s')}.$

Die Grösse unter der Wurzel ist selbst eine quadratische Form K in Bezug auf s; $K = 0$, das Gebilde K, liefert die Gesamtheit aller von s' an G gezogenen Tangenten. Das Element s' gehört selbst zu K, da $P(s' s') = G(s')$ ist (5) und ist ein Doppelelement, da $K'(s_1) = P(s s') G'(s_1') - G'(s_1) G(s')$ für $s = s'$ identisch verschwindet; für die Berührungselemente selbst ist $G(s) = 0$, also ist für sie zugleich $K = 0$ und $G = 0$, d. h. auch $P(ss') = 0$. Wir haben die Sätze:

S. 19. Die Tangenten von einem Punkt an eine F^2 bilden einen Kegel (2. Grades), den Tangentenkegel, der die F^2 längs eines Kegelschnitts berührt.

S. 20. Die Berührungspunkte liegen auf der Polaren des Punktes.

[Die Tangenten von (in) einer Ebene an eine φ^2 bilden diese Ebene, welche die φ^2 in einem Kegelschnitt berührt, die Berührungsebenen liegen auf dem polaren Punkt der Ebene.]

Die Gleichung 9) zeigt, dass, wenn s auf der Polaren von s', (also auch s' auf der Polaren von s), die beiden Werte des λ entgegengesetzt sind. Also:

S. 21. **Pol und Polare werden durch das Gebilde harmonisch getrennt.**

Die Polare heisst daher auch: harmonische Polare.

Sei jetzt s irgend ein Element auf s's'', σ seine Polare, so ist

$$s = s' + \lambda s'', \sigma_i = G' s_i = G(s_i') + \lambda G(s_i'') = \sigma_1' + \lambda \sigma_2''$$

oder:

Bewegt sich ein Pol auf einer Geraden, so bewegt sich seine Polare ebenfalls auf einer Geraden.

Diese Geraden heissen reziproke Polaren.

Bei der Bewegung bleibt das Teilungsverhältnis λ intakt, also:

Vier harmonischen Polen entsprechen vier

harmonische Polaren, die Trägergeraden beider Systeme sind reziproke Polaren.

Wir bezeichnen die Gerade der Pole mit g und die der Polaren mit γ.

Es sind durch die Polarität zugeordnet: Punkt und Ebene, Gerade und Gerade. Jedem Punkt auf einer Geraden ist der Punkt zugeordnet, in welchem seine Polare die Gerade schneidet, jeder Ebene, welche durch eine Gerade geht, ist die Ebene durch die Gerade zugeordnet, welche den Pol enthält, man kann daher die Gerade ebensogut als Raumelement ansehen, wie Punkt und Ebene, und diese Geometrie, welche von Plücker und Kummer begründet, von Reye und Sturm ausgebaut ist, heisst Liniengeometrie.

Wenn die beiden reziproken Polaren g und γ sich in einem Punkt schneiden, so liegen sie auch zugleich in Einer Ebene und umgekehrt, wir können dann sagen, sie besitzen ein Verbindungselement s. Dann liegt s auf g, und somit geht seine Polare σ durch γ, also auch durch s, der Pol s fällt also in seine Polare, d. h. s gehört zum Gebilde G. Nimmt man irgend ein Element vom Charakter der s auf γ, es sei A, so liegt A auf der Polaren von s' und s'', seine Polare geht also durch s' und s'', d. h. die Polare α von A geht wieder durch g, und somit ist die Bezeichnung „reziprok" gerechtfertigt, und zugleich folgt, dass die Polare σ des gemeinsamen Elements s auch durch g geht, d. h. die andere Verbindung von g und γ ist die Polare von s, d. h. die Tangentiale, und g und γ sind Tangenten:

Zwei sich schneidende reziproke Polaren

sind Tangenten, ihr Schnittpunkt ist ein Punkt der durch das Gebilde G gesetzten F^2, ihre Schnittebene Ebene der zugehörigen φ^2.

Zur Vereinfachung können wir jetzt festsetzen, dass die Variabeln s Punkte, die Variabeln σ Ebenen bedeuten, denn die Formen G (s) und $\Gamma(\sigma)$ stellen ein und dieselbe Fläche dar, abwechselnd aufgefasst als Inbegriff ihrer Punkte oder (berührenden) Ebenen, und es ist jetzt leicht, zu zeigen, dass, wenn die Form G (s) eigentlich, die Form $\Gamma(\sigma)$ desgleichen und umgekehrt. Jeder eigentlichen Fläche 2. Grades kommen also auch die Eigenschaften der eigentlichen Fläche 2. Klasse zu, und man kann beide zusammenfassen in den Begriff: Fläche 2. Ranges oder Quadric und die Hauptsätze z. B. formulieren:

Bewegt sich der Pol auf einer Ebene, so bewegen sich die Polaren um einen Punkt, den Pol jener Ebene und v. v. (S. 5).

Bewegt sich der Pol auf einer Geraden g, so dreht sich die Polare um eine Gerade γ, und bewegen sich die Pole auf γ, so drehen sich ihre Polaren um g.

g und γ heissen: reziproke Polaren.

Der Schnittpunkt S zweier reziproken Polaren ist ein Punkt des Quadrics, die sich schneidenden selbst sind Tangenten an den Quadric in S, und ihre Ebene ist die Tangentialebene.

Zwei konjugierte Punkte werden durch den Quadric harmonisch getrennt.

Zwei konjugierte Ebenen werden durch den Quadric harmonisch getrennt.

Ausführlicher: Legt man durch die Schnittgerade zweier Tangentialebenen eine Ebene ε und die Ebene η des Büschels durch den Pol von ε, so werden ε und η durch die Tangentialebenen harmonisch getrennt.

Nimmt man auf einer Sehne AB einen beliebigen Punkt P und konjugiert zu P den Punkt Q der Punktreihe auf der Polarebene von P, so werden P und Q durch die Endpunkte der Sehne harmonisch getrennt.

§ 22. Geradlinige Quadric.

Seien g und γ zwei sich in S schneidende reziproke Polaren, zieht man in der Ebene (g, γ), der Tangentialebene in S, eine beliebige Gerade, die nicht durch S geht, so wird sie g und γ in A und α und die Fläche $G=0$ in B und C schneiden; die Linien BS und CS sind dann Tangenten, und da sie in S schon zwei zusammenfallende Punkte mit der Fläche gemeinsam, so haben sie alle Punkte mit der Fläche gemeinsam, wie Gleichung 8) auch zeigt, aus der λ ganz herausfällt, wenn $G(s')=0$, $P(s's'')=0$ und $G(s'')=0$, d. h. wenn die Tangente mit der Fläche noch einen Punkt ausser dem Berührungspunkt gemeinsam hat, so liegt sie ganz auf der Fläche.

Die Tangenten SB und SC liegen also ganz auf der Fläche.

Die Tangenten SB und SC sind sich selbst reziproke Polaren, denn die Polarebene jedes Punktes auf SB geht durch SB und ebendasselbe gilt für SC, sie heissen Haupttangenten. Da die Punkte AαBC auf einer Geraden n liegen und Sα in der Polarebene von A (wie umgekehrt SA in der Polarebene von α), so sind nach Satz 21 die Punkte AαBC vier harmonische Punkte, ihre Polarebenen schneiden sich in einer Geraden ν und bilden ein harmonisches System (S. 21), und n und ν sind reziproke Polaren. Die Gerade ν ist keine Tangente, weil n keine Tangente ist, sie schneidet die Fläche also ausser in S noch in S′, dann sind S′A und S′B Haupttangenten, [Tangenten, weil in der Polarebene eines Flächenpunkts und durch den Pol gehend, ganz in der Fläche, weil ausser dem Berührungspunkt noch einen Flächenpunkt enthaltend]. Will man also im beliebigen Flächenpunkt S die Haupttangenten konstruieren, so verbindet man S mit einem andern Flächenpunkt S′, konstruiert in S und S′ die Polar- (Tangential-)Ebenen, indem man durch S bezw. S′ zwei Schnittebenen legt und an die entstehenden Kegelschnitte in S bezw. S′ die Tangenten zieht; die Polarebenen schneiden sich in CB, welche die Fläche in B und C schneidet, so sind SB und SC die Haupttangenten.

Zieht man in der Ebene (gγ) irgend eine andere Gerade, welche nicht durch S geht, und die Fläche in B′ und C′, g und γ in A′ und α', schneidet, so liegen B′ und C′ wieder auf den Strahlen SB und SC, denn die Ebene (gγ) schneidet, wie jede andere Ebene, die Fläche $G = 0$ in einem Kegelschnitt, und dieser kann in nicht mehr als 2 Gerade zerfallen; es giebt also durch S nur die beiden Haupttangenten. Also:

Satz 22: Durch jeden Punkt S einer (eig.) Fläche 2. Grades gehen 2 Tangenten, welche ganz in der Fläche liegen. Jedes Paar reziproker Tangenten in S wird durch die Haupttangenten harmonisch getrennt.

Die Haupttangenten können reell oder imaginär sein.

Satz 23: **Sobald eine einzige Haupttangente existiert, existieren alle, und der Quadric ist eine Regelfläche.**

Denn zunächst geht durch jeden Punkt S der einen Haupttangente h noch eine zweite, da die Tangentialebene in S aus der Fläche einen Kegelschnitt ausschneidet, der h als Bestandteil enthält, also auch eine 2. Gerade h′ ebenfalls enthält. Legt man durch h und einen beliebigen Punkt S′ der Fläche eine Ebene, so schneidet sie die Fläche in einem Kegelschnitt, der h als Bestandteil enthält, also noch eine zweite Gerade durch S′ enthält, es existiert also in jedem Punkt S′ die eine Haupttangente, also auch die zweite. Die erste durch S′ gehende schneidet h, die zweite muss dann kreuzen, weil sonst der Schnittkegelschnitt in drei Gerade zerfallen müsste, was er nicht kann. Also:

Durch jeden Punkt eines geradlinigen Quadric gehen 2 Gerade, welche 2 Scharen bilden, so dass jede Gerade der einen Schar alle Gerade der andern schneidet, während sich 2 Gerade derselben Schar kreuzen.

Die Form G kann man für die geradlinige Kegelfläche a priori bestimmen. Sei $g\left\{ u \mid v \right.$, d. h. u und v die Gleichungen 2 Ebenen durch g, und $h\left\{ u_1 \mid v_1 \right.$, und g und h schneiden sich nicht, d. h. $u; v; u_1; v_1$; verschwinden nicht gleichzeitig, so muss $G = 0$ sein, sobald u und v zugleich verschwinden und u_1 und v_1; d. h. also (von einem konstanten Faktor abgesehen) ist $G = u v_1 - v u_1$.

Die Form ändert ihre Valenz nicht, wenn man 0 in der Form $\lambda u_1 v_1 - \lambda u_1 v_1$ addiert, und geht dadurch über in $(u + \lambda u_1) v_1 - u_1 (v + \lambda v_1)$, woraus man sieht, dass G verschwindet, wenn gleichzeitig $\begin{matrix} u + \lambda u_1 = 0 \\ v + \lambda v_1 = 0. \end{matrix}$

Diese Gleichungen stellen zwei Ebenenbüschel dar, welche so aufeinander bezogen sind, dass jeder Ebene des einen Büschels die Ebene gleichen Wertes des Parameters im anderen Büschel entspricht. Solche Büschel heissen projektiv, die zugeordneten Ebenen konjugiert. Also:

Die Regelfläche F^2 ist der Ort der Schnitte konjugierter Ebenen zweier projektiver Strahlenbüschel.

Man sieht sofort, dass 2 Schnittgeraden der beiden Büschel sich nicht schneiden können, denn wenn gleichzeitig

$$u + \lambda u_1 = 0 \quad v + \lambda v_1 = 0$$
$$u + \mu u_1 = 0 \quad v + \mu v_1 = 0$$

so müssten gleichzeitig $u u_1 v v_1 = 0$, d. h. g und h sich schneiden. G hätte dann, wie man sofort sieht, im Schnittpunkt einen Doppelpunkt, wäre also ein Kegel.

Da man zur Form G ebensogut $\lambda v v_1 - \lambda v v_1$ addieren kann, so sieht man, dass G auch

$$\{(u + \lambda v) v_1 - (u_1 + \lambda v_1) v,$$

d. h. aber es liegt auf der Fläche noch eine

2. Schar Gerader, die entsprechenden Schnitte der projektiven Ebenenbüschel $u+\lambda' v=0$, $u_1+\lambda' v_1=0$.

Für eine solche Schnittgerade bestehen diese beiden Gleichungen und es giebt auf ihr einen Punkt, in dem sie von einer Ebene des ersten Büschels getroffen wird, für den also z. B. $u+\lambda u_1=0$, dann ist für diesen Punkt $u=-\lambda u_1$, $-\lambda u_1+\lambda' v=0$; $\lambda u_1+\lambda\lambda' v_1=0$, also $\lambda'(v+\lambda v_1)=0$; $v+\lambda v_1=0$, d. h. aber:

Wenn drei dieser Gleichungen erfüllt sind, so ist es die 4. von selbst, oder:

Jede Gerade der einen Schar wird von jeder der anderen geschnitten.

Da jede Gerade ihre eigene Tangente, so muss die Ebene durch zwei sich schneidende Geraden die Tangentialebene im Schnittpunkt sein.

§ 23. **Die Reye'schen Axen.**

Wir können auch die anderen Resultate des vorigen Paragraphen durch die Rechnung bestätigen.

$s'\left\{s'_0\ldots\right.$ und $s''\left\{s''_0\ldots\right.$ waren 2 beliebige Punkte σ' und σ'' ihre Polarebenen, dann ist

$$g\left\{s'+\lambda s'',\ \gamma\left\{\sigma'+\mu\sigma''\right.\right. \text{ (in Ebenenkoordinaten).}$$

Für den Schnittpunkt von g und γ ist

$P(s'+\lambda s'', s')=0$ und $P(s'+\lambda s'', s'')=0$, d. h.

$$10)\qquad G(s')+\lambda P(s' s'')=0$$
$$\lambda G(s'')+P(s' s'')=0.$$

Soll also ein Schnittpunkt existieren, so muss $\lambda=\lambda$ sein, d. h. $P^2(s' s'')=G(s')G(s'')$, d. h. nach 9) s" **auf dem von s' ausgehenden Tangentenkegel und v. v. oder: g muss eine Tangente sein.**

Die Koordinaten des Berührungspunktes sind dann zu entnehmen aus $S\left\{s' - \frac{P(s's'')s''}{G(s'')}\right.$ und man sieht ohne weiteres dass $G(S) = 0$. (§ 21; 8.)

Soll g sich selbst reziprok, also mit γ identisch sein, so muss λ aus dem Gleichungssystem 10) herausfallen, d. h. es muss gleichzeitig $G(s')$, $P(s's'')$ und damit auch $G(s'') = 0$ sein, d. h. die ganze Gerade g liegt auf der Fläche. Dass auch γ eine Tangente ist, folgt aus der Betrachtung der Form Γ, welche sich von G nur um eine Konstante unterscheidet $\left(\frac{1}{A}\right)$ und wenn $\Pi(\sigma\sigma')$ so aus Γ abgeleitet wird, wie P aus G, so sieht man, dass $\Pi(\sigma\sigma')$ sich um dieselbe Konstante von $P(s s')$ unterscheidet, so dass also die Bedingung $P^2(s's'') = G(s')\,G(s'')$ sofort die Bedingung $\Pi^2(\sigma'\sigma'') = \Gamma(\sigma)\,\Gamma(\sigma'')$ nach sich zieht.

Man kann die Gleichung von γ in gewöhnlichen Punktkoordinaten fast ohne Rechnung ableiten, ein Punkt von γ ist S dessen Punktkoordinaten $\frac{x' - \lambda x''}{1 - \lambda} \ldots$, wo $\lambda = \frac{P(s's'')}{G(s'')} = \frac{G(s')}{P(s's'')}$. Die Richtungsfaktoren von λ erhält man aus der Bemerkung, dass wenn $\xi\,\eta\,\zeta$ die Koordinaten des unendlich fernen Punkts eine Gerade $\xi : \eta : \zeta = \cos\alpha : \cos\beta : \cos\gamma$.

$$\left[\text{Beweis } \frac{x - x_1}{\cos\alpha} = \frac{y - y_1}{\cos\beta} = \frac{z - z_1}{\cos\gamma}, \; = x\,\frac{\left(1 - \frac{x_1}{x}\right)}{\cos\alpha} = \ldots\right.$$

und wenn x, y, z über jedes Mass gross $\frac{x}{\cos\alpha} = \frac{y}{\cos\beta} = \frac{z}{\cos\gamma}$].

Der unendlich ferne Punkt auf γ ist ein den Ebenen σ' und σ'' gemeinsamer, wir erhalten ihn, wenn wir in den Gleichungen für σ' und σ'' die Koordinate $s_3 = 0$ setzen und $s_0; s_1; s_2$; endlich lassen, alsdann ist

$$s_0\sigma'_0 + s_1\sigma'_1 + s_2\sigma'_2 = 0$$
$$s_0\sigma''_0 + s_1\sigma''_1 + s_2\sigma''_2 = 0.$$

Das System ist uns schon S. 26 u. begegnet, es giebt

$$s_0 : s_1 : s_2 = x : y : z = [\sigma'_1\sigma''_2] : [\sigma'_2\sigma''_0] : [\sigma'_0\sigma_1'']$$

$= \cos\alpha : \cos\beta : \cos\gamma$ wo $[a\beta]$ wieder $a\beta - b\alpha$ bedeutet, also $[\sigma'_1\sigma''_2] = \sigma'_1\sigma''_2 - \sigma'_2\sigma''_1$, wenn also ξ', η', ζ', die Koordinaten des Schnittpunkts S sind, so ist die Gleichung von γ

$$11)\qquad \frac{x-\xi'}{[\sigma'_1\sigma''_2]} = \frac{y-\eta'}{[\sigma'_2\sigma''_0]} = \frac{z-\zeta'}{[\sigma'_0\sigma''_1]}.$$

Da $g\left\{\frac{x-x'}{x''-x'} = \frac{y-y'}{y''-y'} = \ldots\right.$ so ist die Bedingung, dass g und γ (welche ja S gemein haben) zusammenfallen, die Proportionalität der Richtungsfaktoren also

$$\frac{[s'_0 s''_3]}{[\sigma'_1\sigma''_2]} = \frac{[s'_1 s''_3]}{[\sigma'_2\sigma''_0]} = \frac{[s'_2 s''_3]}{[\sigma'_0\sigma''_1]}$$

und man überzeugt sich leicht, dass dies System mit dem der Gleichungen $G(s'') = 0$, $G(s') = 0$; $P(s's'') = 0$ identisch.

Ist g keine Tangente, so ist es auch γ nicht, aber bei der Ableitung der Richtungsfaktoren haben wir von dieser Bedingung gar keinen Gebrauch gemacht, somit gilt die Gleichung 11) für je 2 reziproke Polaren, wenn unter $\xi' \ldots$ die Koordinaten eines beliebigen Punkts von γ verstanden werden, insbesondere ist die

Bedingung, dass 2 reziproke Polaren aufeinander senkrecht stehen.

$$12)\qquad [s'_0 s''_3][\sigma'_1 \sigma''_2] + \ldots\ldots = 0.$$

Die Linien g und γ besitzen stets eine gemeinschaftliche Senkrechte t, und Ebene $(t\gamma)$ steht auf g, Ebene tg auf γ senkrecht, der Pol von $(t\gamma)$ liegt auf g, der Pol von tg auf γ, somit kann man auch sagen: Eine Gerade g, welche auf ihrer reziproken Polaren senkrecht steht, ist das vom Pol auf die Polare (Ebene) gefällte Loth, sie heisst nach Reye: Axe, und der Komplex der Axen ebenfalls nach Reye: Axenkomplex. Da zu jeder Ebene in Bezug auf eine gegebene (eigentliche) F^2 ein Pol gehört und stets durch den Pol eine Senkrechte zur Polaren, so stellt der Axenkomplex eine ∞^3fache Menge von Geraden dar. Liegt der Pol in der Fläche, so liegt er in seiner Polaren und die Axe, deren Pol er ist, steht auf der Tangentialebene im Berührungspunkt senkrecht, es ist die Normale. Da die Richtungsfaktoren der Tangentialebene im Punkte s' gleich $\sigma'_0; \sigma'_1; \sigma'_2$ sind, so ist die Gleichung der Normalen, wenn x', y', z', die Punktkoordinaten des Berührungspunktes sind:

$$13)\qquad \frac{x - x'}{\sigma'_0} = \frac{y - y'}{\sigma'_1} = \frac{z - z'}{\sigma'_2}.$$

Ist x' ... ein beliebiger Punkt, der als Pol eine Axe genommen wird, so ist seine Polare σ' und hat zu Richtungsfaktoren ebenfalls $\sigma'_0; \ldots$, also ist die Gleichung jeder Axe, wenn die Koordinaten ihres Pols gegeben sind

$$13^{a})\qquad \frac{x-x'}{\sigma'_0}=\frac{y-y'}{\sigma'_1}=\frac{z-z'}{\sigma'_2}.$$

Man sieht, wie die Gleichungen der Tangentialebenen und der Polarebenen von derselben Form und sich nur dadurch unterscheiden, dass der gegebene Punkt für die erstere auf der Fläche liegt, so hat man ebenfalls den Satz:

Die Gleichungen der Normalen und der Axen sind von derselben Form, und unterscheiden sich nur dadurch, dass der Pol für die Normalen auf der Fläche liegt.

Die Normalen gehören zu den Axen und bilden innerhalb der Axenkomplex eine Menge ∞^2-Stufe.

Wenn die Normalen in zwei Flächenpunkten A und B sich schneiden, so ist A B auch eine Axe,

denn ihre reziproke ist die Schnittlinie der beiden Tangentialebenen in A und B und steht als solche auf der Ebene der beiden Normalen und somit auch auf A B senkrecht.

Eine Linie einer Fläche, deren benachbarte Normalen sich schneiden, heisst eine Krümmungslinie, also

die Tangenten an eine Krümmungslinie einer F^2 sind Axen.

Die den Axenkomplex definierende Gleichung 12 ist vom 2. Grade in den Koordinaten der Linie, der Axenkomplex ist also ein Linienkomplex 2. Grades, die Gleichung ist ferner in den Koordinaten s" (bezw. s') vom 2. Grade, sie zeigt, dass der Ort der s" eine Fläche 2. Grades ist, wenn s' gegeben, also ein Kegel mit der Spitze s'. Man sieht ohne weiteres, dass wenn sie von s' und s" erfüllt ist, sie auch von s' und $s' + \lambda s''$ erfüllt wird. Man kann dies auch direkt zeigen.

Sei S der Punkt, so geht durch ihn zunächst die Axe g, für welche S der Pol ist, die zugehörige Polarebene sei σ, es gehe durch S eine zweite Axe g' mit dem Pol S' und Polarebene σ', dann ist die Schnittlinie γ' von σ und σ' die reziproke von g', und γ' steht auf der Ebene (g g') — ε — senkrecht. Würde nun in der Ebene ε noch eine 3. Axe durch S liegen, g", so müsste γ'' auch auf der Ebene ε senkrecht stehen, es müssen sich aber γ, γ', γ'' im Pol von ε schneiden, es müsste also der Pol von ε im Unendlichen liegen. Dann ist jede Gerade t in ε eine Axe, denn ihre reciproke muss durch den Pol von ε gehen, also der Linie γ parallel sein, d. h. auf der Ebene ε und somit auch auf t senkrecht stehen. Verbindet man dann den Pol mit einem Punkt N dieser Ebene, welche Gerade die Fläche in B und C schneidet, so werden B und C durch N und den unendlichfernen Pol harmonisch getrennt, d. h. N ist die Mitte von BC, welches als Parallel zu γ auch auf ε senkrecht steht, d. h.

die Ebene ε ist eine Symmetrieebene der Fläche.

Sieht man also von Symmetrieebenen ab, so kann das Axenbüschel durch S von einer Ebene nur in 2 Geraden geschnitten werden, es ist also ein Kegel, der im Falle, dass seine Spitze auf einer Symmetrieebene liegt, in zwei Ebenen zerfällt.

V. Abschnitt.

Kegel und Cylinder.

§ 24. Kegel.

Das Auftreten des Tangentenkegels und Axenkegels zwingt den Kegel, als den wichtigsten Fall einer uneigentlichen F^2, genauer zu betrachten.

$G(s) = O$ sei die Gleichung des Kegels, seine Spitze, d. h. der Punkt, für welchen alle 4 $G'(s_i)$ verschwinden, sei $S \{ s'$. Wir verlegen den Nullpunkt nach S, nehmen also an, dass S nicht im Unendlichen, also s'_3 nicht 0, dann haben wir zu setzen: $\frac{s_0}{s_3}$ (d. i. x) $= \frac{r_0}{r_3} + \frac{s'_0}{s'_3}$ oder

$$s_i = r_i s'_3 + s'_i r_3 \text{ wo } i = 0, 1, 2$$
$$s_3 = 0 s'_3 + s'_3 r_3 \text{; also:}$$

$$G(s) = s'^2_3 G(r_0; r_1; r_2; O) + 2 r_3 s'_3 P(r s') + r^2_3 G(s')$$

$G(s')$ ist O; $P(r s') = r_0 \sigma'_0 + r_1 \sigma'_1 + r_2 \sigma'_2 + r_3 \sigma'_3$ identisch Null, somit:

$$G(s) = s'^2_3 G(r_0 r_1 r_2 O) \text{ und } s'_3 \text{ nicht } O\text{:}$$

$$G(s) \{ G(r_0 r_1 r_2 O)\text{:}$$

Verlegt man den Nullpunkt in die Spitze des Kegels, so verschwindet die Koordinate s_3, es bleiben nur die Glieder 2. Dimension in den Punktkoordinaten mit unveränderten Koeffizienten.

Wir schreiben jetzt $G(r_0\, r_1\, r_2\, O) = 0$ in der Form

14) $K(s) = a_{00}\, s^2_0 + 2\, a_{01}\, s_0\, s_1 + 2\, a_{02}\, s_0\, s_2 + a_{11}\, s^2_1 + 2\, a_{12}\, s_1\, s_2 + a_{22}\, s^2_2 = O$ oder kurz $K(s) = \Sigma a_{ik}\, s_i\, s_k$ wo jetzt Index i und k nicht mehr den Wert 3 erhalten.

Die Gleichung 12) ist also identisch mit der allgemeinen Gleichung der Kegelschnitte in homogenen Koordinaten, man sieht wie eng der Kegel mit den Kegelschnitten zusammenhängt, die Rechnung bleibt dieselbe nur die Interpretation ändert sich.

Die Gleichung 14) bleibt bestehen, wenn die s mit dem gemeinsamen Faktor λ multipliziert werden, d. h. also: wenn ein Punkt P auf dem Kegel liegt, so liegen alle Punkte der Geraden SP auf dem Kegel. (Fig. 12).

Da $K(s)$ eine quadratische Form ist wie $G(s)$ nur von 3 Variabeln $s_0\; s_1\; s_2$, so bleiben alle Sätze, die auf den Eigenschaften der quadratischen Form beruhen, bestehen, insbesondere die ganze Lehre von Pol und Polare, welche sich somit zugleich auf die Kegelschnitte überträgt (diese Uebertragung hätten wir allerdings auch schon dadurch leisten können, dass wir durch einen Punkt als Pol eine Ebene legen, welche die F^2 schneidet).

Es ist wenn s′ den Pol bedeutet:

$$14^a)\; P(s\,s') = s_0\,(a_{00}\, s'_0 + a_{01}\, s'_1 + a_{02}\, s'_2) + \ldots$$
$$= s_0\, \sigma'_0 + s_1\, \sigma'_1 + s_2\, \sigma'_2$$

und die Polarebene des Pol s′, für welche $P(s\,s') = 0$, hat die Koordinaten:

$$\sigma'_0\,;\, \sigma'_1\,;\, \sigma'_2\,;\, O.$$

Die Gleichung 14ᵃ) der Polarebene (und Tangentialebene wenn s' auf dem Kegel) wird für jedes s', also für jeden Pol durch die Koordinaten der Spitze 0, 0, 0, s_3 erfüllt, und damit ist durch Rechnung der Satz bewiesen:

Alle Polarebenen eines Kegels gehen durch die Spitze.

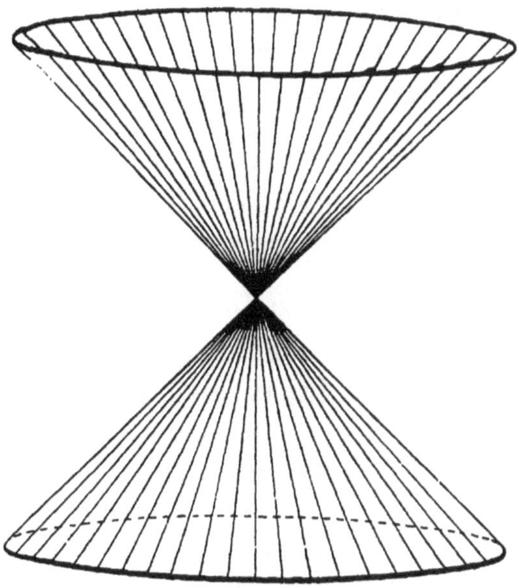

Fig. 12.

Da die Menge der Ebenen, welche durch Einen Punkt gehen, eine ∞^2fache (zweifach unendliche, d. h. $\infty . \infty$fache) ist, während die Zahl der Pole, d. i. der Punkte des Raumes eine ∞^3fache ist, so muss zu ∞ vielen Punkten dieselbe Polarebene gehören und dies zeigt sich dadurch, dass 14ᵃ) erfüllt bleibt, wenn man λs_1 statt s_1 setzt, d. h.:

Alle Punkte, welche auf einer Geraden durch die Spitze liegen, haben dieselbe Polarebene.

Alle Punkte des Kegels auf derselben Geraden durch die Spitze — Kante — haben dieselbe Tangentialebene.

Um die reziproke Form $\varkappa$ von K zu erhalten, d. h. die Gleichung des Kegels in Ebenenkoordinaten, müssen wir die Gleichungen

$$15) \quad \begin{aligned} \sigma_0 &= a_{00}\, s_0 + a_{01}\, s_1 + a_{02}\, s_2 \\ \sigma_1 &= a_{01}\, s_0 + a_{11}\, s_1 + a_{12}\, s_2 \\ \sigma_2 &= a_{02}\, s_0 + a_{12}\, s_1 + a_{22}\, s_2; \quad \sigma_3 = 0 \end{aligned}$$

nach den s auflösen, dies giebt:

$$s_i = \frac{\alpha_{0i}\, s_0 + \alpha_{1i}\, s_1 + \alpha_{2i}\, s_2}{\alpha_{33}},$$

wo α_{33} die uns schon bekannte Grösse (S. 29), (der Koeffizient von σ_3 in der Form $\Gamma(\sigma)$):

$$a_{00}(a_{11}\, a_{22} - a_{12}^2) + a_{01}(a_{12}\, a_{02} - a_{01}\, a_{22}) + a_{20}(a_{01}\, a_{12} - a_{02}\, a_{11}).$$

Die Auflösung ist also nur gestattet, wenn $\alpha_{33} \neq 0$.

Wir erhalten dann, da α_{33} konstant:

$$\varkappa(\sigma) = \sigma_0(\alpha_{00}\, \sigma_0 + \alpha_{01}\, \sigma_1 + \alpha_{02}\, \sigma_2) + \dots .$$

eine Form 2. Grades in den σ.

Man sieht, dass $\varkappa(\sigma) = 0$ wieder ein Doppelelement enthält, nämlich die Lösung $\sigma_{0,1,2,3} = 0$, welche eine beliebige durch die Spitze gehende Ebene darstellt.

Die Gleichung $\varkappa(\sigma) = 0$ stellt also nicht bloss den Komplex der Tangentialebenen des Kegels dar, sondern auch jede durch die Spitze gehende Ebene; sie ist also nicht die Polargleichung des Kegels, sondern die Gleichung der Spitze und der Kegel hat, streng genommen, keine Gleichung in Ebenenkoordinaten.

Abstrahiert man von der Lösung 0, 0, 0, 0, so ist $\varkappa(\sigma) = 0$, die von den Tangentialebenen umhüllte Fläche, d. i. der Kegel; die Gleichung $\varkappa(\sigma) = 0$ kann auch als Polargleichung der Kegelschnitte in homogenen Koordinaten aufgefasst werden.

Dass dem Kegel die Gleichung in Ebenenkoordinaten fehlt, wird noch deutlicher, wenn man die Spitze nicht zum Nullpunkt wählt, wo dann $\varkappa(\sigma)$ das Quadrat der Gleichung der Spitze wird.

§ 25. Der zerfallende Kegel.

Es kann vorkommen, dass der Kegel ausser der Spitze noch einen Doppelpunkt enthält $s' \left\{ s'_0 \ldots \right.$, d. h. dass die Gleichungen 15), in denen $\sigma_i = 0$ eine gemeinsame von Null verschiedene Lösung besitzen, dann ist auch $\lambda s'$ eine Lösung, d. h. der Kegel besitzt eine Doppelgerade durch die Spitze. Es braucht wohl kaum bemerkt zu werden, dass, da s_3 in der Gleichung des Kegels fehlt, die Grössen s_0, s_1, s_2 direkt als die Punktkoordinaten x, y, z eines Kegelpunkts betrachtet werden können. Da eine der Grössen, z. B. s_2, willkürlich bleibt, so sieht man, dass in diesem Falle der Faktor von s_2, den man erhält, wenn man s_0 und s_1 aus 2 Gleichungen durch s_2 ausdrückt, und diese Ausdrücke in die 3 Gleichungen einsetzt, verschwinden muss, was nichts anderes aussagt, als dass die 3. Gleichung eine notwendige Folge der beiden andern ist und daher nichts anderes giebt, als

16) $\alpha_{33} = 0.$

Man sieht ohne Rechnung, dass in diesem Falle der Kegel in zwei, sich in der Doppelgeraden durch die Spitze schneidende Ebenen zerfallen muss, da die Ebene, welche einen Punkt des Kegels mit der Doppelgeraden verbindet, dann ganz in den Kegel hineinfällt; man kann dies aber auch leicht durch die Rechnung bestätigen.

Um die Zerfällung zu bewirken, bemerkt man, dass die Gleichung jeder Ebene erfüllt, d. h. jeder Faktor verschwinden muss, wenn man für s_0, s_1, s_2, d. i. x, y, z, die Koordinaten w eines Punkts der Doppelgeraden setzt.

Diese sind gegeben durch

$$\text{a)}\quad \begin{aligned} a_{00} w_0 + a_{01} w_1 + a_{02} w_2 &= 0 \quad (1)\\ a_{01} w_0 + a_{11} w_1 + a_{12} w_2 &= 0 \quad (2)\\ a_{02} w_0 + a_{12} w_1 + a_{22} w_2 &= 0 \quad (3)\end{aligned}$$

mit der Bedingung $\alpha_{33} = 0 = a$.

Wir führen Abkürzungen ein und setzen:

$a_{11} a_{22} - a_{12}^2 = b_{00}$ etc.; $a_{02} a_{12} - a_{01} a_{22} = b_{01}$ etc.

(also $a_{10} a_{20} - a_{12} a_{00} = b_{12}$; $a_{21} a_{01} - a_{20} a_{11} = b_{02}$), so erhalten wir, wenn wir w_2 aus (1) und (2); (2) und (3); (3) und (1) eliminieren, und dann ebenso w_0.

$$17)\quad \frac{w_0}{w_1} = \frac{b_{02}}{b_{12}} = \frac{b_{00}}{b_{01}} = \frac{b_{01}}{b_{11}}$$

$$\frac{w_1}{w_2} = \frac{b_{12}}{b_{22}} = \frac{b_{01}}{b_{02}} = \frac{b_{11}}{b_{02}}$$

und damit

$$18)\quad w_0^2 : w_1^2 : w_2^2 = b_{00} : b_{11} : b_{22};$$

$$w_0 : w_1 : w_2 = b_{02} : b_{12} : b_{22} \text{ etc.}$$

Da das System a) nur die Verhältnisse der w bestimmt, so setzen wir

$$w_0 = \sqrt{b_{00}}; \quad w_1 = \sqrt{b_{11}}; \quad w_2 = \sqrt{b_{22}}$$

und erhalten dann:

18a) $w_0 w_1 = b_{01}; \; w_1 w_2 = b_{12}; \; w_2 w_0 = b_{20}.$

(Es ist $b_{ik} = b_{ki}$.)

Hinsichtlich der w zeigt a): 1) Wenn eines der w verschwindet, z. B. b_{22}, so verschwinden b_{02} und b_{12}. 2) Das Zeichen der w's ist durch das eines von ihnen bestimmt. 3) Sobald ein w reell ist, sind es die andern — 18a) — d. h. alle w^2 sind gleichzeitig > 0 oder < 0, die Zahlen b_{00}, b_{11}, b_{12} haben das gleiche Zeichen.

Sind alle drei a_{22} nicht zugleich 0 und z. B. $a_{00} \neq 0$, so ist jetzt

19) $$K(s) = \frac{1}{a_{00}} [a_{00} s_0 + (a_{01} + i w_2) s_1 + (a_{02} - i w_1) s_2] \\ [a_{00} s_0 + (a_{01} - i w_2) s_1 + (a_{02} + i w_2) s_2],$$

wo $i = \sqrt{-1}$; man sieht sofort, dass jeder Faktor für λw_0; λw_1; λw_2 verschwindet.

Wenn also $a_{00} \neq 0$ und $\alpha_{33} = 0$ und $A = 0$ und der Doppelpunkt im Endlichen, so zerfällt die Fläche 2. Grades in zwei sich schneidende Ebenen, deren Gleichung durch 19) gegeben ist.

Man kann, um eine Lücke im 1. Teil auszufüllen, hinzusetzen:

Wenn $a_{00} \neq 0$ und $\alpha_{33} = 0$, so zerfällt der Kegelschnitt in 2 Gerade, deren Gleichungen in 19) gegeben sind.

Es kann vorkommen, dass die beiden Ebenen imaginär (die beiden Geraden des Kegelschnitts imaginär), aber dann ist die Doppelgerade (der Doppelpunkt) doch reell, da sie die Spitze mit dem reellen Punkt

$$x = \frac{a_{02}}{a_{00}};\ y = \frac{w_1}{w_2} = \frac{b_{02}}{b_{01}};\ z = 1$$

verbindet (da seine Koordinaten $x = \frac{a_{02}}{a_{00}}$; $y = \frac{w_2}{w_1}$ reell sind). Die Ebenen (Geraden) werden imaginär, sobald eine der w^2's, also auch die andern positiv sind; also z. B. wenn $w_0^2 > 0$, die Zerfällung ist reell, wenn $w_0^2 < 0$; sind zwei der w gleich Null, so zerfällt der Kegel in eine Doppelebene $K(s)\{(a_{00} s_0 + a_{01} s_1 + a_{02} s_2)^2$. Zu bemerken ist, dass, wenn alle $a_{ii} \neq 0$, scheinbar 3 verschiedene Zerlegungen auftreten, man überzeugt sich leicht, dass sie äquivalent sind.

Fehlen alle 3 Quadrate in der Form K bezw. G, so reduziert sich K auf

$$a_{01} xy + a_{02} xz + a_{12} yz = 0$$

und α_{33} auf $2 a_{01} a_{02} a_{12}$, also muss, wenn $\alpha_{33} = 0$, einer der 3 Koeffizienten, z. B. $a_{12} = 0$ sein, dann ist

$$K = x(a_{01} y + a_{02} z).$$

Der Kegel zerfällt in die Ebene $x = 0$, die yz-Ebene, und die Ebene $a_{01} y + a_{02} z$, welche der x-Axe parallel ist.

(Der Kegelschnitt zerfällt in die y-Axe und die Gerade $a_{01} y + a_{02}$, welche der x-Axe parallel ist.)

Zu der Zerfällung ist aber noch eine Bemerkung zu machen, es ist vorausgesetzt, dass der Kegel seine Spitze im Endlichen hat, d. h. dass alle 4 $G'(s_i)$ (S. 87) für einen Punkt im Endlichen verschwinden, dies setzt aber voraus, dass die Verhältnisse $s_0 : s_1 : s_2 : s_3$ endlich bleiben, wir erhalten aber durch eine ganz analoge Rechnung

$$s_0^2 : s_1^2 : s_2^2 : s_3^2 = \alpha_{00} : \alpha_{11} : \alpha_{22} : \alpha_{33},$$

wo z. B. α_{00} aus α_{33} durch Vertauschung der Marken 0 und 3 abgeleitet wird, soll also

$$\frac{s_0^2}{s_3^2}; \frac{s_1^2}{s_3^2}; \frac{s_2^2}{s_3^2}$$

endlich sein, so muss, wenn $\alpha_{33} = 0$ ist, auch

$$\alpha_{00}; \alpha_{11}; \alpha_{22} = 0 \text{ sein};$$

wir können also sagen:

Eine F^2 zerfällt in zwei sich schneidende Ebenen, wenn

$$A = 0; \alpha_{33} = \alpha_{22} = \alpha_{11} = \alpha_{00} = 0;$$

sind dann noch zwei der $w = 0$, so fallen die Ebenen zusammen.

Man sieht, dass wenn der Kegel zerfällt, seine Spitze unbestimmt wird, nur auf der Doppelgeraden liegen muss.

§ 26. Die Hauptaxen.

Jede Gerade durch die Spitze ist Axe (Reye'sche), deren Pol die Spitze; es fragt sich, ob auf solcher Axe noch ein zweiter Pol liegen kann, dann sind alle ihre Punkte Pole. Es muss dann, wenn $x' y' z'$ der Pol ist

$$\text{c)} \quad \frac{x - x'}{\sigma(x')} = \frac{y - y'}{\sigma(y')} = \frac{z - z'}{\sigma(z')}$$

erfüllt werden durch $x = 0$, $y = 0$, $z = 0$, d. h. es muss

$$\sigma(x') = \lambda x'; \quad \sigma(y') = \lambda y'; \quad \sigma(z') = \lambda z',$$

ein Gleichungssystem, das, wenn für $x' y' z'$ erfüllt, ersichtlich auch für cx', cy', cz' erfüllt ist. Wir schreiben das System in der Form:

$$20) \quad \begin{aligned} (a_{00} - \lambda) x' + a_{01} y' + a_{02} z' &= 0 \\ a_{01} x' + (a_{11} - \lambda) y' + a_{12} z' &= 0 \\ a_{02} x' + a_{12} y' + (a_{22} - \lambda) z' &= 0 \end{aligned}$$

20) ist aber von a) nur dadurch verschieden, dass an Stelle von a_{ii} gesetzt ist $a_{ii} - \lambda$. Bezeichnen wir die Verbindungen, die wir im System a) mit b bezeichnet haben, hier mit β, so erhalten wir:

$x' : y' : z' = \beta_{02} : \beta_{12} : \beta_{22} = \sqrt{\beta_{00}} : \sqrt{\beta_{11}} : \sqrt{\beta_{22}} = \beta_{01} : \beta_{11} : \beta_{21} \ldots$ und wenn wir α'_{33} (oder a') mit $-\Lambda(\lambda)$ bezeichnen und nach Potenzen von λ ordnen:

$$21)\quad \lambda^3 - \lambda^2 s + \lambda\sigma - a = 0;$$

wo $s = a_{00} + a_{11} + a_{22}$ und $\sigma = b_{00} + b_{11} + b_{22}$. Dies ist für λ eine Gleichung 3. Grades, und wenn wir den Fall $a = 0$, in dem der Kegel zerfällt oder zum Cylinder wird zunächst ausschliessen, ist keine Wurzel $\lambda = 0$.

Es giebt also im allgemeinen 3 solcher Axen, sie heissen Hauptaxen.

Ein Kegel hat im allgemeinen drei Hauptaxen.

Die Gleichungen c) dieser Axen vereinfachen sich und werden

$$\frac{x}{\beta_{02}} = \frac{y}{\beta_{12}} = \frac{z}{\beta_{22}} \quad \text{oder} \quad \frac{x}{\sqrt{\beta_{00}}} = \frac{y}{\sqrt{\beta_{11}}} = \frac{z}{\sqrt{\beta_{22}}},$$

wo das Zeichen einer der Wurzel willkürlich, die der andern dadurch bestimmt sind. Unterscheiden wir die drei Wurzeln der Gleichung 21) durch λ^0, λ', λ'', und untersuchen den Winkel zweier dieser sich in der Spitze schneidenden Axen, so haben wir z. B. das Produkt $\beta'_{02}\beta''_{02} + \beta'_{12}\beta''_{12} + \beta'_{22}\beta''_{22} = p_0$ zu bilden. Berücksichtigt man, dass (Schubert, Arithmetik, S. 111)

$$\lambda' + \lambda'' = s - \lambda^0 \text{ und } \lambda'\lambda'' = \frac{a}{\lambda^0},$$

o findet man mit geringer Mühe dass, da

$_{02} = b_{02} + \lambda a_{02} \dots; \quad \beta_{22} = b_{22} - \lambda (s - a_{22}) + \lambda^2$ und

$_{02}{}^2 = b_{22} b_{00} - a . a_{11}$ und $a = a_{01} b_{01} + a_{02} b_{02} + a_{22} b_{22}$

21a) $p_0 = (\lambda_0 b_{22} + a) \varLambda (\lambda^0)$,

. h. gleich Null ist; also:

Die drei Hauptaxen des Kegels stehen aufeinander enkrecht.

Die Ebene durch je zwei Axen — **Hauptbene** — ist Polarebene zu jedem Punkt auf er dritten oder:

Die Hauptaxen bilden ein Poldreikant.

Jede Gerade einer Hauptebene durch die Spitze st reziproke Polare zur dritten Axe:

Die Hauptebenen sind Symmetrieebenen des Kegels.

Es fragt sich, ob Axen und Hauptebenen anschauich existieren, d. h. ob die λ reell sind; es könnten öchstens 2 z. B. λ' und λ'' imaginär sein, dann sind ie konjugiert komplexe Zahlen (Schubert, Arithmetik, S. 168), dann sind aber auch β'_{2k} und β''_{2k} konjugiert omplexe Zahlen, da sie sich ja nur durch den Wechsel les Zeichens von $i = \sqrt{-1}$ unterscheiden, also geht p_0 iber in

$$u' + i u'') (u' - i u'') + (v' + i v'') (v' - i v'') + (w' + i w'') (w' - i w'') = u'^2 + u''^2 + v'^2 + v''^2 + w'^2 + w''^2$$

ınd da $p_0 = 0$ ist, so müssen alle Quadrate und damit lle u, v, w, d. h. alle β verschwinden, also:

Die Hauptaxen eines Kegels sind stets reell.

Es kann vorkommen, dass zwei der λ z. B. λ' und λ'' einander gleich sind, dann ist evident, dass man das

Axenkreuz der zwei Axen um die dritte drehen kann, das zeigen aber auch die Formeln mühelos, p_0 ist stets

$$(\lambda_0 b_{22} + a) \Delta (\lambda^0) = 0,$$

und geht über in

$$\beta_{02}^2 + \beta_{12}^2 \beta_{22}^2 = 0,$$

es müssen also β_{02}, β_{12} und ebenso $\beta_{22} = 0$ sein, die Richtungsfaktoren der zweiten und dritten Axe werden unbestimmt, aber wegen $p_0 = 0$, $p_1 = 0$, $p_2 = 0$ müssen sie nach wie vor aufeinander und auf der zum ungleichen λ gehörenden Axe senkrecht stehn:

Jede Ebene durch diese ist eine Symmetrieebene, der Kegel ist ein Rotationskegel, entstanden durch Rotation eines Winkels um seine Halbierungsaxe und die Bedingungen dafür sind, ohne Rechnung gewonnen; wir haben:

$$22)\quad \frac{b_{02}}{a_{02}} = \frac{b_{12}}{a_{12}} = \left(\frac{b_{01}}{a_{01}}\right).$$

Sind alle 3 λ gleich, so ist jede Gerade durch die Spitze Rotationsaxe, der Kegel reduziert sich (sichtbar) auf die Spitze und wird zur Punktkugel bezw. imaginären Kugelkegel (vgl. S. 64).

§ 27. Die Transformation auf die Hauptaxen.

Es liegt nahe, das Hauptaxensystem als Koordinatensystem zu wählen; wir fassen die Aufgabe allgemein und transformieren die Koordinaten beliebig unter Beibehaltung des Anfangspunktes. Die alten Koordinaten seien x, y, z, die neuen $\xi\, \eta\, \zeta$.

Ist $G = G(s_0 \ldots)$ irgend eine homogene quadratische Form, setzt man für s_k ein $u_k + v_k + w_k$, so erhält man wie in § 14 S. 58

$$G = G(u) + G(v) + G(w) + 2P(u; v) + 2P(v; w) + 2P(w; u),$$

wo P die Polarformen und $u \begin{cases} u_1 \ldots \end{cases}$

Es war § 13, wenn wir $\cos(x\xi) = \gamma_{00}$; $\cos(x\eta) = \gamma_{01}$; $\cos(x\zeta) = \gamma_{02}$ etc. setzen

$$x = \gamma_{00}\xi + \gamma_{01}\eta + \gamma_{02}\zeta$$
$$y = \gamma_{10}\xi + \gamma_{11}\eta + \gamma_{12}\zeta$$
$$z = \gamma_{20}\xi + \gamma_{21}\eta + \gamma_{22}\zeta$$

und das System gilt allgemein, wenn nur das alte System als rechtwinklig vorausgesetzt wird, das neue kann beliebig sein, also

$$22^{a}) \quad K(xyz) = \xi^2 K(\gamma_{00}; \gamma_{10}; \gamma_{20}) + \eta^2 K(\gamma_{01}; \gamma_{11}; \gamma_{21}) + \zeta^2 K(\gamma_{02}; \gamma_{12}; \gamma_{22}) + 2\xi\eta P(\gamma_0; \gamma_1) + 2\eta\zeta P(\gamma_1; \gamma_2) + 2\zeta\xi P(\gamma_2; \gamma_0),$$

wo $\gamma_0; \gamma_1; \gamma_2$ bedeuten, dass wir $\gamma_{00}; \gamma_{10}; \gamma_{20}$ als die alten Koordinaten eines Punktes γ_0 auf der neuen ξ-Axe ansehen (der von O den Abstand 1 hat; entsprechend γ_1 mit den Koordinaten $\gamma_{01}; \gamma_{11}; \gamma_{21}$ etc.

Unter einem Pol-Dreikant verstehen wir ein Dreikant (dessen Spitze in O liegt), bei dem die Verbindungsebene zweier Kanten die Polarebene für alle Punkte der 3. Kante ist. Solcher Pol-Dreikante gibt es ∞^2. Man kann einen Durchmesser, d. h. eine Gerade durch die Spitze (oder das Centrum) des Kegels beliebig wählen, als Kante 1, einen andern Durchmesser in der Polarebene des ersten beliebig als Kante 2; dann ist die Kante 3 bestimmt als Schnittgerade der Polarebene von 1 mit der Polarebene von zwei. Solche 3 Kanten heissen ein System konjugierter Durchmesser, die freie Kante: konjugierte Richtung, die 3 Ebenen durch je 2: konjugierte Diametralebenen. Da die Ebene (12) die Polarebene für 3 und somit auch für den in dieser Richtung unendlich fernen Punkt, und Pol und Polare auf jeder Geraden durch den Pol die Schnittpunkte mit der Fläche harmonisch trennen, so hat man den Satz (vgl. T. 1 S. 86):

Jede Diametralebene halbiert alle der konjugierten Richtung parallelen Sehnen.

Man sieht sofort, dass, wenn man die Punkte $\gamma_0 \gamma_1 \gamma_2$ auf den Kanten eines Pol-Dreikant wählt, also die 3 Kanten eines Pol-Dreikants zu Koordinatenaxen macht, die 3 P aus der transformierten Form K verschwinden und sie sich auf die Summe der 3 quadratischen Glieder reduziert:

$$\xi^2 K(\gamma_0) + \eta^2 K(\gamma_1) + \zeta^2 K(\gamma_2).$$

Aus dieser Form folgt der eben bewiesene Satz direkt, man sieht, dass jede Diametral-Ebene für die konjugierte Richtung Symmetrie-Ebene ist.

Die Hauptaxen bilden ebenfalls ein Pol-Dreikant, und zwar das rechtwinklige. Die Gleichung des Kegels wird:

$$\frac{\xi^2}{n_0^2} K(\beta_{02}^0 \beta_{12}^0 \beta_{22}^0) + \frac{\eta^2}{n_1^2} K(\beta_{02}' \ldots) + \frac{\zeta^2}{n_2^2} K(\beta_{02}'' \ldots = 0,$$

wenn $n^2 = \beta_{02}^2 + \beta_{12}^2 + \beta_{22}^2$ und die Marke des n die betreffende Wurzel λ angibt. Es ist nun $K(\beta_{02}^0)$ (oder kurz K^0)

$$K^0 = \beta_{02} \sigma_0 (\beta^0) + \beta_{12} \sigma_1 (\beta^0) + \beta_{22} \sigma_2 (\beta^0),$$

wo z. B. $\sigma_0 (\beta^0) = a_{00} \beta_{02}^0 + a_{01} \beta_{12}^0 + a_{20} \beta_{22}^0$. Da aber $x' : y' : z' = \beta_{02} : \beta_{12} : \beta_{22}$ war, so ist $\sigma_0 (\beta^0) = \lambda^0 \beta_{02}^0$ zufolge des System 20) und wir haben

$$K^0 = \lambda^0 (\beta_{02}{}^2 + \beta_{12}{}^2 + \beta_{22}{}^2) = \lambda^0 n_0{}^2,$$

somit erhalten wir die Hauptform

23) $\lambda^0 \xi^2 + \lambda' \eta^2 + \lambda'' \zeta^2 = 0.$

In der Hauptform treten die 3 Wurzeln der Gleichung $\Lambda(\lambda) = 0$ als Koeffizienten auf und nur diese.

Die Hauptform ist so einfach, dass man alle bisherigen Resultate aus ihr mühelos errechnen kann, insbesondere sieht man, dass, wenn z. B. $\lambda' = \lambda''$, alle Schnitte parallel zur Ebene $\xi = 0$ Kreise sind, deren Centren auf der ζ-Axe liegen, sowie dass die Schnitte durch je zwei Hauptaxen, die Hauptschnitte, Symmetrieebenen sind. Für die Tangential- bezw. Polarebene finden wir $\lambda^0 \xi\xi' + \lambda' \eta\eta' + \lambda'' \zeta\zeta' = 0$. Soll die Ebene u, v, w, d Tangential-Ebene sein, so muss $d = 0$, $\xi' = u \lambda^{0-1}$ etc. Also ist

24) $\frac{u^2}{\lambda^0} + \frac{v^2}{\lambda'} + \frac{w^2}{\lambda''} = 0$

die Gleichung des Kegels in Ebenenkoordinaten (vgl. aber Schluss von § 23).

Haben alle 3 λ gleiches Zeichen, was jedenfalls erfordert, dass in 22) die Zahl σ (als Summe der Produkte je zweier Wurzeln) > 0 ist, so wird der Kegel imaginär und nur seine Spitze ist reell. Haben zwei der λ das $+$ Zeichen und das dritte das $-$ Zeichen (oder zwei $-$ und eins $+$, was gleichbedeutend, da man die Form 23) mit -1 multiplizieren kann), so erhalten wir, wenn wir $\lambda^0 = \frac{1}{a^2}$; $\lambda' = \frac{1}{b^2}$; $\lambda'' = -\frac{1}{c^2}$ setzen und für $\xi \ldots$ wieder $x \ldots$ schreiben

25) $\frac{x^2}{a^2} + \frac{y^2}{b^2} - \frac{z^2}{c^2} = 0.$

Die Schnitte parallel der Ebene $z = 0$ sind Ellipsen, parallel den Ebenen $y = 0$ und $x = 0$ Hyperbeln. Die Centren der Schnitte liegen auf der betreffenden Axe, die Asymptoten der hyperbolischen Schnitte sind den beiden durch den zugehörigen Hauptschnitt aus dem Kegel ausgeschnittenen Kanten parallel.

§ 28. Cylinder.

Es soll das Gleichungssystem der 4 $G'(s_\iota) = 0$ oder $\sigma_\iota = 0$ für einen unendlich fernen Punkt erfüllt werden. Nennen wir die Koordinate der Spitze $\bar{s}_i$, so ist $\bar{s}_0 : \bar{s}_1 : \bar{s}_2 : \bar{s}_3 = \alpha_{03} : \alpha_{13} : \alpha_{23} : \alpha_{33}$,
wo die α die Koefficienten von a_{03} etc. in der Entwicklung von $A = 0$ bedeuten. Es muss also $\bar{s}_3$ bezw. $\alpha_{33} = 0$ sein, und es dürfen nicht alle α_{03} etc. zugleich verschwinden. Ist $\alpha_{03} = 0$, so liegt die Spitze in einer Parallelebene zur yz-Ebene, ist auch noch $\alpha_{13} = 0$, so liegt die Spitze in einer Parallele zur z-Axe. Da $\bar{s}_3 = 0$ ist, so ist $\bar{s}_0 : \bar{s}_1 : \bar{s}_2 = b_{02} : b_{12} : b_{22}$, d. h. der unendlich ferne Doppelpunkt der Spitze liegt in der Richtung der Geraden, deren Richtungsfaktoren $b_{02} \ldots$ sind. J e d e G e r a d e, w e l c h e d i e s e R i c h t u n g h a t, i s t A x e; die Cosinus seien $\gamma_{02}\, \gamma_{12}\, \gamma_{22}$. Man drehe das Koordinatensystem so, dass die neue z-Axe in diese Richtung fällt, setze also (§ 13):

$$\begin{aligned}
s_0 &= \gamma_{00}\, s_0' + \gamma_{01}\, s_1' + \gamma_{02}\, s_2' + 0\, s_3' \\
s_1 &= \gamma_{10}\, s_0' + \gamma_{11}\, s_1' + \gamma_{12}\, s_2' + 0\, s_3' \\
s_2 &= \gamma_{20}\, s_0' + \gamma_{21}\, s_1' + \gamma_{22}\, s_2' + 0\, s_3' \\
s_3 &= 0\, s_0' + 0\, s_1' + 0\, s_2' + s_3',
\end{aligned}$$

wo $\gamma_{00}\, \gamma_{01} \ldots$ die Cosinus der Winkel sind, welche die alte x-Axe mit den neuen Axen der Reihe nach bildet etc. Man setze Punkt:

$$\gamma_0 \left\{ \gamma_{00} ; \gamma_{10} ; \gamma_{20} 0 ; \right. \quad \gamma_1 \left\{ \gamma_{01} ; \gamma_{11} ; \gamma_{21} 0 ; \right.$$
$$\gamma_2 \left\{ \gamma_{02} ; \gamma_{12} ; \gamma_{22} 0 ; \right. \quad 0 \left\{ 0 0 0 1, \right.$$

so dass γ_0 und γ_1 beliebige unendlich ferne Punkte, γ_2 die Spitze. Dann ist, wenn $G(s)$ die gegebene Form

$$G(s) = s_0'^2 G(\gamma_0) + s_1'^2 G(\gamma_1) + s_2'^2 G(\gamma_2) + s_3'^2 a_{33}$$
$$+ 2 s_0' s_1' P(\gamma_0 \gamma_1) + 2 s_0' s_2' P(\gamma_0 \gamma_2) + 2 s_0' s_3' P(\gamma_0 0)$$
$$+ 2 s_1' s_2' P(\gamma_1 \gamma_2) + 2 s_1' s_3' P(\gamma_1 0) + 2 s_2' s_3' P(\gamma_2 0).$$

Weil γ_2 die Spitze, sind $G(\gamma_2)$; $P(\gamma_0 \gamma_2)$; $P(\gamma_1 \gamma_2)$; $P(\gamma_2 0)$ alle $= 0$.

(Satz: Die Polarebenen aller Punkte gehen durch die Spitze wie beim Kegel; etc.).

$G(s)$ reduziert sich also (die Striche sind weggelassen) auf:

$$1) \quad s_0^2 G(\gamma_0) + s_1^2 G(\gamma_1) + 2 s_0 s_3 P(\gamma_0 \gamma_1) + 2 s_0 s_3 P(\gamma_0 0)$$
$$+ 2 s_1 s_3 P(\gamma_1 0) + s_3^2 a_{33} :$$

Dreht man die z-Axe in die Richtung nach der Spitze, so ist die z-Koordinate aus der Form verschwunden.

Die Gleichung 1) zeigt also, dass der Cylinder durch alle parallelen Ebenen, welche nicht durch die Spitze gehen, d. h. der Cylinderaxe nicht parallel sind, in kongruenten Kegelschnitten geschnitten wird. Gehen die Ebenen durch die Spitze, so zerfällt der Schnitt in zwei parallele Geraden.

Setzt man nun in Folge Parallelverschiebung des Koordinatensystems

$$s_0 = s_0' - \frac{s_3 P(\gamma_0 0)}{G(\gamma_0)}; \quad s_1 = s_1' - \frac{s_3 P(\gamma_1 0)}{G(\gamma_1)},$$

so fallen die Glieder, welche die Koordinaten x und y in der ersten Potenz erhalten, weg, und $G(s)$ reduziert sich auf

2) $s_0^2 G(\gamma_0) + s_1^2 G(\gamma_1) + C s_3^2$,

wo $$C = a_{33} + \frac{P^2(\gamma_0 0)}{G(\gamma_0)} + \frac{P^2(\gamma_1 0)}{G(\gamma_1)}.$$

Der Kegelschnitt, den 1) bei festem z darstellt, ist dann ein centraler, Ellipse oder Hyperbel. Der Punkt, dessen Koordinaten $\frac{s_0'}{s_3}$ und $\frac{s_1'}{s_3}$ das Centrum. Es kann aber vorkommen, dass dadurch, dass $P(\gamma_0 \gamma_1) = 0$ gesetzt wurde, von selbst $G(\gamma_0)$ oder $G(\gamma_1)$ verschwindet und dann rückt der Mittelpunkt ins Unendliche, der betreffende Kegelschnitt wird zur Parabel.

Es ist

$$G(\gamma_0) G(\gamma_1) - P^2(\gamma_0 \gamma_1) = (\gamma_{00} \sigma_0{}^0 + \gamma_{10} \sigma_1{}^0 + \gamma_{20} \sigma_2{}^0)$$
$$(\gamma_{01} \sigma_0' + \gamma_{11} \sigma_1' + \gamma_{21} \sigma_2') - (\gamma_{00} \sigma_0' + \gamma_{10} \sigma_2' + \gamma_{20} \sigma_2')$$
$$(\gamma_{01} \sigma_0{}^0 + \gamma_{11} \sigma_1{}^0 + \gamma_{21} \sigma_2{}^0)$$

und wenn wir dieselben Verbindungen der γ's, die wir bei den α's mit b_{ik} bezeichneten, hier δ_{ik} nennen:

$$3)\ G(\gamma_0) G(\gamma_1) - P^2(\gamma_0 \gamma_1) = \frac{(b_{02} \delta_{02} + b_{12} \delta_{12} + b_{22} \delta_{22})^2}{b_{22}} = F$$

mit Benützung der Formeln 18 und 18ª des § 24. Da aber b_{02}; b_{12}; δ_{12}; δ_{12} den Faktor $\sqrt{b_{22}}$ haben

$G(\gamma_0) G(\gamma_1) - P^2(\gamma_0 \gamma_1) = 0$, wenn b_{22} gleich 0, wenn $b_{22} > 0$, $F > 0$, wenn $b_{22} < 0$ $F < 0$, d. h. also wenn $b_{22} = 0$ und $P(\gamma_0 \gamma_1) = 0$, ist $G(\gamma_0)$ oder $G(\gamma_1)$ auch 0, ist $b_{22} > 0$, so haben $G(\gamma_0)$ und $G(\gamma_1)$ das gleiche Zeichen, ist $b_{22} < 0$, so haben $G(\gamma_0)$ und $G(\gamma_1)$ entgegengesetzte Zeichen, also:

Je nachdem b_{22}, d. i. $a_{02}\,a_{12} - a_{11}{}^2 > 0 = 0 < 0$ ist, wird der Cylinder von jeder Ebene in einer Ellipse, Parabel oder Hyperbel geschnitten und je nachdem heisst der Cylinder: Elliptisch, Parabolisch, Hyperbolisch.

Der elliptische Cylinder wird, wenn C dasselbe Zeichen hat wie $G(\gamma_0)$ imaginär, der Parabolische hat die Eigenschaft, dass die Polarebene eines unendlich fernen Punktes der Fläche, d. h. also die Tangentialebene desselben durch jeden andern unendlich fernen Punkt hindurchgeht, d. h.

Der Parabolische Cylinder wird von der unendlich fernen Ebene berührt.

Da jede Ebene, welche den Cylinder berührt, ihn in einer Kante berührt, so hat der Parabolische Cylinder Eine unendlich ferne Kante. (Der elliptische keine, der Hyperbolische zwei.)

§ 29. Die Hauptaxen.

Jedes System konjugierter Durchmesser eines Schnittkegelschnitts bildet mit der Kantenrichtung ein System konjugierter Axen des centralen Cylinders und ebenso wieder ein Pol-Dreikant. Um das rechtwinklige zu finden, schlagen wir denselben Weg ein wie beim Kegel, wir betrachten eine Axe durch den Nullpunkt, auf der ein unendlich ferner Pol $a \left\{ s_0' \, s_1' \, s_2' \, 0 \right.$ bezw. $a \left\{ x' \, y' \, z' \, 0 \right.$ liegt; es ist dann wieder

$$\sigma_0(a) = \lambda x'; \ \sigma_1(a) = \lambda y'; \ \sigma_2(a) = \lambda z'$$

und wir erhalten dasselbe Gleichungssystem 20) des § 25 und somit für λ dieselbe Gleichung 3. Grades § 21, welche hier aber die Wurzel 0 hat, da nach Voraussetzung $\alpha_{33} = 0$ ist. Sie reduziert sich auf $\lambda(\lambda^2 - \lambda s + \sigma) = 0$. Die Wurzel $\lambda = 0$ gibt, wie voranszusehen, als eine dieser Axen die Kantenrichtung mit den Faktoren b_{02}; b_{12}; b_{22}. Wir nehmen zunächst an, dass $b_{22} \neq 0$, dann sind die beiden Grössen λ' und λ'' von 0 verschieden. Die Resultate des § 25 bleiben bestehen; die 3 Hauptaxen stehen auf einander senkrecht. Wir wählen ihr Dreikant als Koordinaten-Axen-Dreikant und ordnen die neue x-Axe der Wurzel λ', die y-Axe der Wurzel λ'' und die neue z-Axe der Wurzel $\lambda = 0$. Es wird dann $P(\gamma_0 \gamma_1)$ von selbst 0 in Folge von 21[a]) des § 25. $G(\gamma_0)$ und $G(\gamma_1)$ werden wieder zu λ' und λ'' und wir erhalten

4) $s_0{}^2\lambda' + s_1{}^2\lambda'' + s_3{}^2 a_{33} + 2 s_0 s_3 P(\gamma_0 0) + 2 s_1 s_3 P(\gamma_1 0)$
für $P(\gamma_0 0)$ und $P(\gamma_1 0)$ können wir auch schreiben $\sigma_3(\gamma_0)$ und $\sigma_3(\gamma_1)$.

Verschieben wir nun das Koordinatensystem parallel in den Punkt M $\left\{ -\frac{P_3(\gamma_0)}{\lambda'};\ -\frac{\sigma_3(\gamma_1)}{\lambda''};\right.$ z beliebig, so erhalten wir die Normalform des centralen Cylinders

5) $s_0{}^2\lambda' + s_1{}^2\lambda'' + C = 0.$

Die Richtungsfaktoren der 3 Hauptaxen sind $b_{02}; b_{12}; b_{22}; -b_{02} + \lambda' a_{02}; b_{12} + \lambda' a_{12}; b_{22} - \sigma + \lambda' a_{22}$ etc (zur Vereinfachung von β'_{22} und β''_{22} ist die Gleichung der λ benutzt). Der Cylinder ist elliptisch, wenn λ'

und λ'' das gleiche Zeichen haben, was verlangt, dass $\sigma > 0$, aber

$$\sigma = b_{00} + b_{11} + b_{22} = b_{22}^{-1}(b_{02}^2 + b_{12}^2 + b_{22}^2),$$

d. h. also $b_{22} > 0$ wie bereits bewiesen, hyperbolisch, wenn $b_{22} < 0$, ob er imaginär ist, hängt davon ab, ob C das gleiche Zeichen wie λ' und λ'' hat; die Berechnung von C vereinfacht sich zwar dadurch, dass

$$a_{03} b_{02} + a_{13} b_{12} + a_{23} b_{22} = 0,$$

indessen ist es bequemer, den Satz zu benutzen, dass ein Cylinder von allen Ebenen, welche die Kanten schneiden, in gleichartigen Kegelschnitten geschnitten wird. Die Ebene $z = 0$ schneidet den Cylinder in dem Kegelschnitt

$$a_{00} x^2 + 2a_{01} xy + a_{11} y^2 + 2a_{03} x + 2a_{13} y + a_{33} = 0$$

und dieser ist Ellipse und reell, wenn $b_{22} > 0$ und $a_{00} a_{33} > 0$, Ellipse und imaginär, wenn $b_{22} > 0$, $a_{00} a_{33} < 0$; Hyperbel, wenn $b_{22} < 0$, Parabel, wenn $b_{22} = 0$. Man sieht aus dem Anblick von C sofort, dass wenn s, d. h. $a_{00} + a_{11} + a_{22} > 0$ und a_{33} auch $\geqq 0$, dann $C > 0$, d. h. der Cylinder ist imaginär. Die Berechnung von C gestaltet sich höchst einfach, wie folgt:

Es ist $\dfrac{\sigma^2(\gamma_0)}{\lambda'} = \dfrac{1}{\lambda' n'^2} (\sigma_3(\beta'))^2$, wo

$$n'^2 = \beta'^2_{02} + \beta'^2_{12} + \beta'^2_{22} = \beta'_{22}(\beta'_{00} + \beta'_{11} + \beta'_{22})$$
$$= \beta'_{22}\,\tau;\quad \tau = \sigma - 2\lambda' s + \lambda'^2 = -\lambda' s,$$

also:
$$n'^2 = -\beta'_{22}\,\lambda\, s.$$

$$\sigma_3(\beta') = a_{03}\beta'_{02} + a_{13}\beta'_{12} + a_{23}\beta'_{22}.$$

Weil $\alpha_{33} = 0$, gelten die Gleichungen

$$a_{03} b_{00} + a_{13} b_{01} + a_{13} b_{02} = 0$$
$$a_{03} b_{01} + a_{13} b_{11} + a_{23} b_{12} = 0$$
$$a_{03} b_{02} + a_{13} b_{12} + a_{23} b_{22} = 0,$$

also $a_{03} : a_{13} : a_{23} = b(b_{02}) : b(b_{12}) : b(b_{22})$, wo das b vor der Klammer andeutet, dass wir dieselben Verbindungen mit den b_{ik} vorzunehmen haben, wie früher mit den a_{ik}, um die b_{ik} zu bilden. Die 3 Koeffizienten sind einzeln 0, aber sie verhalten sich wie $a_{02} : a_{12} : a_{22}$, folglich

$$\sigma_3(\beta') = \frac{a_{23}}{a_{22}} \lambda' \beta'_{22}, \text{ also } \frac{\sigma^2(\gamma_0)}{\lambda'} = -\frac{a_{23}^2}{a_{22}^2} \frac{\beta'_{22}}{s} \text{ und}$$

$$6) \quad C = -\frac{a_{23}^2}{a_{22}^2}\left(\frac{s\,a_{22} - 2(b_{00} + b_{11})}{s}\right) + a_{33}.$$

§ 30. Der Parabolische Cylinder.

Wenn $\sigma = 0$, d. h.

$$b_{22} = 0 = a_{00} a_{11} - a_{01}^2;$$

so wird generaliter eine zweite Wurzel λ' der Hauptaxengleichung 0, (eine Ausnahme tritt ein, wenn $b_{22} = 0$ und $b_{02} : b_{12}$ endlich und bestimmt bleibt, dagegen $b_{22} : b_{02}$ und $b_{22} : b_{12} = 0$ sind, d. h. also wenn die Cylinderaxe auf der z-Axe senkrecht steht) und alle b_{ik} sind 0. Wir wollen dies geometrisch beweisen.

Die Richtungskosinus der 3-Axe λ'' sind den Grössen $a_{02}\, a_{12}\, a_{22}$ proportional, die Richtungskosinus x y z der Axe $\lambda = \lambda' = 0$ genügen den Gleichungen

$$a_{00}x + a_{01}y + a_{02}z = 0; \quad a_{01}x + a_{11}y + a_{12}z = 0;$$
$$a_{02}x + a_{12}y + a_{22}z = 0;$$

d. h. die Axe steht auf den 3 Geraden $g_1 \{ a_{00}\, a_{01}\, a_{02}$; $g_2 \{ a_{01}\, a_{11}\, a_{12}$; $g_3 \{ a_{02}\, a_{12}\, a_{22}$ senkrecht. Die 3 Richtungen gehören also Einer Ebene ε an. Ist nun $b_{22} = 0$, d. h. $\frac{a_{00}}{a_{01}} = \frac{a_{01}}{a_{11}}$, so sind die x y-Projektionen von g_2 und g_1 der Richtung nach identisch, d. h. also die Ebene ε enthält die z-Axe (der Richtung nach), die Cylinderaxe λ steht also auf der Ebene ε senkrecht. Die Gleichheit zweier Axen ist aber vom Koordinatensystem unabhängig, ist invariant, und es müsste also die Cylinderaxe $\lambda(\lambda')$ auf jeder beliebigen Geraden senkrecht stehen. Dieser Widerspruch hört nur dann auf, wenn die 3 Geraden $g_3\, g_1\, g_2$ in eine Einzige zusammenfallen, d. h. also, wenn alle $b = 0$, d. h. $a_{00} : a_{01} : a_{01} = a_{02} : a_{12} : a_{22} = a_{01} : a_{11} : a_{12}$. Dies sind also die nötigen und hinreichenden Bedingungen für den parabolischen Cylinder.

Analytisch kann derselbe Beweis dadurch geführt werden, dass aus den Gleichungen 18 und 18ª des § 24 folgt, dass wenn $b_{22} = 0$ auch $b_{02} = 0$ und $b_{12} = 0$ sind, wenn aber die Axe eine bestimmte Richtung hat, so sind $b_{02} : b_{12}$ und $b_{02} : b_{22}$ bestimmt (den Fall, dass diese Richtung auf einer Axe, z. B. der z-Axe senkrecht steht, werden wir bei den Kreisschnitten näher betrachten) und folglich $b_{00} = b_{02}(b_{02} : b_{22}) = 0$ und b_{11} desgl. und ebenso b_{ik}.

Die Richtung der Cylinderaxe bestimmt sich sofort daraus, dass sie auf g_3 und der Linie $g_4 \{ a_{03}\, a_{13}\, a_{23}$ senkrecht stehen muss.

Die Gleichung 4) des vorigen § geht über, da $P(\gamma_1 0) = 0$ ist, in

$s_1{}^2 \lambda'' + s_3{}^2 a_{33} + 2 s_8 s_8 P(\gamma_0 0)$, wo $\lambda'' = s = a_{00} + a_{11} + a_{22}$, woraus ohne Schwierigkeit die Gleichung

$$\lambda'' \eta^2 + 2 \xi n = 0$$

die Normalgleichung des Parabolischen Cylinders abgeleitet wird.

Man kann die Probe direkt anstellen.

Die Bedingungen sagen aus, dass G(s) in diesem Falle die Form annimmt

$$F = (\sqrt{a_{00}}\,x + \sqrt{a_{11}}\,y + \sqrt{a_{22}}\,z)^2 + 2\,a_{03}\,x + 2\,a_{13}\,y + 2\,a_{13}\,z + a_{31} = 0,$$

$$F = \frac{s}{s}\,(\sqrt{a_{00}}\,x_1 \ldots)^2 + \ldots$$

Setzt man

$$\eta = x\sqrt{\frac{a_{00}}{s}} + y\sqrt{\frac{a_{11}}{s}} + z\sqrt{\frac{a_{22}}{s}},$$

d. h. also da (18 § 24)

$$\sqrt{a_{00}} : \sqrt{a_{11}} : \sqrt{a_{22}} = a_{02} : a_{12} : a_{22};$$

setzt man die neue η-Axe parallel g_3, so kommt

$$F = s\,\eta^2 + 2\,a_{03}\,x + 2\,a_{13}\,y + 2\,a_{23}\,z + a_{33}.$$

Setzt man nun

$$\lambda\,\xi = a_{03}\,x + a_{13}\,y + a_{23}\,z,$$

wo $\lambda^2 = a_{03}{}^2 + a_{13}{}^2 + a_{23}{}^2,$

so ist α) $F = s\,\eta^2 + 2\,\lambda\,\xi + a_{33}$.

Die ξ-Axe ist also parallel g_4. Die Form α) stellt gleich 0 gesetzt bei bestimmten z eine Parabel dar, bezogen auf ein Paar konjugierter Axen. Die Cylinderaxe z hat die Richtungsfaktoren

$$a_{12}\,a_{23} - a_{22}\,a_{13};\; a_{22}\,a_{03} - a_{02}\,a_{23} \text{ und } a_{02}\,a_{13} - a_{12}\,a_{03}.$$

Ist $a_{03}\,a_{02} + a_{13}\,a_{12} + a_{23}\,a_{22} = 0,$

so stehen auch g_3 und g_4 aufeinander senkrecht und die ξ, η und z-Axe bilden ein dreiaxiges rechtwinkliges Koordinatensystem.

VI. Abschnitt.

Die eigentlichen centralen Flächen 2. Grades (Quadrik's) in allgemeiner Behandlung.

§ 31. Die centralen Flächen 2. Grades.

Die allgemeine Form 2. Grades besteht aus der in den Koordinaten $s_0 s_1 s_2$ homogenen Form 2. Grades $K(s_0 s_1 s_2)$ oder $K(xyz)$ und der Form

$$E(s) = 2a_{03} s_0 s_3 + 2a_{13} s_1 s_3 + 2a_{23} s_2 s_3 + a_{33} s_3^2.$$

K stellt im allgemeinen einen Kegel (zweiten Grades K^2) dar, ausser wenn die Spitze ins Unendliche rückt, E (s) lässt sich generaliter durch Axentransformation auf die Konstante a_{33} reduzieren (wo dann $E(s) = 0$ die unendlich ferne Ebene darstellt) und zwar durch Parallelverschiebung, wodurch K (s) ganz ungeändert blieb. Wir erhalten für die Koordinaten des neuen Anfangspunkts M die Gleichungen (cf. § 5)

$$\sigma_0(M) = a_{00}\xi + a_{01}\eta + a_{02}\zeta + a_{03} = 0$$
$$\sigma_1(M) = a_{01}\xi + a_{11}\eta + a_{12}\zeta + a_{13} = 0$$
$$\sigma_2(M) = a_{02}\xi + a_{12}\eta + a_{22}\zeta + a_{23} = 0,$$

woraus sich die Koordinaten von M ergeben, als z. B.

$$\xi = -\frac{(a_{03} b_{00} + a_{13} b_{01} + a_{23} b_{02})}{\alpha_{33}} \text{ etc.}$$

Nur wenn $\alpha_{33} = 0$, rückt M ins Unendliche, aber das war gerade die Bedingung dafür, dass der Kegel K(s) in einen Cylinder übergeht. Die Polarebene des Punktes M hat die Gleichung $s_3 \sigma'_3 (M) = 0$, d. h. also da $\sigma'_3 (M) \neq 0$, weil sonst $A = 0$ und $E(s)$ ganz verschwinden würde, $s_3 = 0$, d. h. also die Polarebene von M ist die unendlich ferne Ebene; jede durch M gehende Sehne der Fläche $K(s) + E(s) = 0$ wird also in M halbiert, die Fläche hat also in M einen Mittelpunkt im eigentlichen Sinne. Wenn also $A \neq 0$ und $\alpha_{33} \neq 0$, so haben wir eine eigentliche Fläche 2. Grades F mit Mittelpunkt. Ihre Gleichung ist 1) $K(s) - C = 0$.

Die charakteristische Eigenschaft des Punktes M $\{\xi, \eta, \zeta$ lässt sich auch direkt darthun.

Es war $G(s + s') = G(s) + 2P(s, s') + G(s')$.

Setzt man $s = s_0 \ldots$ und $s_0 = x$; $s_1 = y$; $s_2 = z$; $s_3 = 1$ und $s' = s'_0 \ldots$ und $s'_0 = \alpha r$; $s'_1 = \beta r$, $s'_2 = \gamma r$, $s_3 = 0$ und $s' = r s''$, so ist

$$G(s + s') = G(s) + 2rP(s s'') + r^2 G(s'').$$

Es ist aber

$$G(s'') = K(\alpha \beta \gamma) \text{ und } P(s s'') = \alpha \sigma_0 + \beta \sigma_1 + \gamma \sigma_2.$$

$G(s + s') = 0$ enthält dann die Bedingung, dass ein Punkt der Geraden, welche mit den Richtungsfaktoren $\alpha\ \beta\ \gamma$ durch den Punkt $x\ y\ z$ geht (und von diesem die Entfernung r hat) die Fläche $G(s) = 0$ schneidet. Man erhält, wie bekannt, zwei Werte von r und damit 2 Schnittpunkte (generaliter); soll nun $x \ldots$ in der Mitte beider liegen, so müssen die beiden Werte von r aus $G(s + s') = 0$ einander gleich sein und entgegengesetzt, d. h. es muss

$$^{a)}\ P(s s'') = \alpha \sigma_0 + \beta \sigma_1 + \gamma \sigma_2 = 0$$

sein. Dies ist aber die Gleichung einer Ebene und zwar die Gleichung der Polarebene des in der Richtung $\alpha\ \beta\ \gamma$ unendlich fernen Poles, da die Richtungsfaktoren einer Geraden den Koordinaten ihres unendlich fernen Punktes proportional sind. Der Ort der Mittelpunkte aller der Richtung $\alpha\ \beta\ \gamma$ parallelen Sehnen ist also die Ebene $P(s\,s'') = 0$ und umgekehrt jede Sehne, die in dieser Richtung durch einen Punkt der Ebene gezogen wird, wird in ihm halbiert. Für den Punkt $M\left\{\xi\ \eta\ \zeta\right.$, für den $\sigma_0\ \sigma_1\ \sigma_2$ gleichzeitig verschwinden, ist die Gleichung $P(s\,s'') = 0$ unabhängig von $\alpha\ \beta\ \gamma$ erfüllt; also gehen alle diese Ortsebenen durch M und jede durch M gehende Sehne wird in M halbiert; somit M Mittelpunkt. Die Ebenen $P(s\,s'') = 0 = \alpha\,\sigma_0 + \beta\,\sigma_1 + \gamma\,\sigma_2$ heissen Durchmesser-Ebenen (Diametral-), der von M nach dem Pol (d. h. in der Richtung $\alpha\ \beta\ \gamma$) gezogene Durchmesser heisst der Ebene $P(s\,s'')$ konjugiert.

Das Centrum M der Fläche ist zugleich (§ 23) Centrum des Kegels K; transformiert man den Kegel auf ein System konjugierter Axen, so hat man F auf ein gleiches System transformiert; die Hauptaxen des Kegels sind die Hauptaxen der Fläche, denn die Grössen $\sigma_0\ \sigma_1\ \sigma_2$ sind für F und K identisch. Damit die Identität sich auf σ_3 erstrecke, muss $s_3 = 0$ gesetzt werden, d. h. der Kegel K und die Fläche haben im Endlichen keinen Punkt gemeinsam, aber im Unendlichen verschmelzen der Kegel und die Fläche. Der Kegel K heisst Asymptotenkegel. Dies erhellt auch aus der Gleichung $G(s + s') = 0$. Für die Richtungen, welche der Gleichung $K(\alpha\ \beta\ \gamma) = 0$ genügen, d. h. den Kanten des Kegels K parallel sind, verschwindet r^2 aus der Gleichung. Gerade in dieser

Richtung haben also im allgemeinen nur Einen Punkt im Endlichen mit der Fläche gemeinsam (der andere liegt im Unendlichen T. 1 S. 95). Liegt der Punkt x . . . einer solchen Geraden auch noch auf der Ebene P (s s'') = 0, d. h. auf der Tangentialebene an den Kegel ($\alpha\,\sigma_0 + \ldots = x\,\sigma''_0 + y\,\sigma''_1 + z\,\sigma''_2$), so hat sie keinen Punkt mit der Fläche gemeinsam, ausser wenn G (s) = 0, d. h. der Punkt x . . . auf der Fläche, dann aber verschwindet G (s + s') = 0, die Gerade liegt ganz auf der Fläche. Schneidet also die Tangentialebene an den Kegel K (welche nicht zugleich die Tangentiale an F sein kann) die Fläche, so schneidet sie die Fläche in zwei der Berührungskante parallelen Geraden.

Wird K zum Rotationskegel, so wird F zur Rotationsfläche, wird K zum Kugelkegel, so wird F zur Kugel und man braucht die betreffenden Bedingungen nur aus Abschnitt V abzuschreiben. Man sieht sofort, dass alle Schnitte von K und F durch eine Ebene homothetische Kegelschnitte ergeben (T. 1 S. 112. d. h. solche, für welche die Lage und das Verhältnis der Axen ungeändert bleibt, oder die sich nur durch den Wert der Konstanten unterscheiden, d. h. die unendlich ferne Gerade in denselben Punkten treffen); kurz, man brauchte die zentralen Quadrik's rechnerisch kaum zu behandeln, wenn nicht die gestaltlichen Verhältnisse interessierten. Die Konstante C kann auch gleich 1 gesetzt werden, da ein Kegel sich durch Aenderung des Längenmasses nicht ändert.

Es sei G (s) die auf die Hauptaxen transformierte Form eines centralen Quadrik's, d. h.

$$G(s) = \lambda^0 x^2 + \lambda' y^2 + \lambda'' z^2 - 1 = 0$$

seine Gleichung. Sind alle drei λ negativ, so heisst die Fläche: imaginäres Ellipsoid, sind die λ alle positiv: Ellipsoid; sind zwei λ negativ, eins positiv, so heisst die Fläche: Einschaliges Hyperboloid, zwei positiv, eins negativ: Zweischaliges Hyperboloid.

Sei E (s) eine Ebene mit den Richtungsfaktoren $b_{02}\, b_{12}\, b_{22}$. Um den Schnitt von E (s) und G (s) zu untersuchen, kann man entweder die Koordinaten so transformieren, dass E (s) zu einer Koordinatenebene wird oder eine passende Specialfläche 2. Grades durch die Schnittkurve legen. Wir wählen einen Cylinder, dessen Axe auf der Schnittebene senkrecht steht, also die gleichen Richtungsfaktoren hat. Wir haben dann

$$2)\quad C(s) = G(s) + E(s)\, H(s) = 0.$$

Denn C(s) muss verschwinden, sobald G(s) und E (s) gleichzeitig verschwinden, H(s) stellt dann eine zweite Ebene — Nebenebene — dar mit den Richtungsfaktoren 2u 2v 2w. Es hat dann C(s) die Koeffizienten der Glieder 2. Grades (in x y z):

$$a_{00} = \lambda_0 + 2 b_{02} u;\ a_{01} = b_{02} v + b_{12} w;\ a_{02} = b_{02} w + b_{22} w;$$
$$a_{11} = \lambda' + 2 b_{12} v;\ a_{12} = b_{12} w + b_{22} v;\ a_{22} = \lambda'' + 2 b_{22} w.$$

Man sieht sofort, dass C(s) sich nicht ändert, wenn man $b_{02} \ldots$ mit $u \ldots$ vertauscht. Setzt man wieder, wie in § 25: $a_{00} + a_{11} + a_{22} = s$; $b_{00} + b_{11} + b_{22} = \sigma$, so haben wir für die Richtungsfaktoren der Cylinder-Hauptaxen

$b_{02}\, b_{12}\, b_{22}; \ldots; b_{02} + L' a_{02}; b_{12} + L' a_{12}; b_{22} + L' a_{22}$ etc.,
wo L′ und L″ die Wurzeln der Gleichung

$$L^2 - Ls + \sigma = 0.$$

[Zu bemerken, dass die b in σ sich von den b's der Ebene E(s) durch einen gemeinsamen Faktor unterscheiden, solange dieser nicht 0, ist es erlaubt, sie zu identifizieren.]

Da $\alpha_{33} = 0$, weil C(s) Form eines Cylinders, so haben wir wieder die schon oft benützten Relationen 18 des § 24 und es ist

$$\sigma = \frac{b_{02}^2 + b_{12}^2 + b_{22}^2}{b_{22}} = \frac{b_{22}}{\cos^2\gamma} = \frac{b_{12}}{\cos\beta\cos\gamma}$$
$$= \frac{b_{02}}{\cos\alpha\cos\gamma},$$

wo $\alpha\ \beta\ \gamma$ die Richtungswinkel von E(s) sind.

Es ist ferner

$$s = (\lambda^0 + \lambda' + \lambda'') + 2(u b_{02} + v b_{12} + w b_{22}) = \tau + 2\vartheta.$$

Wir haben zur Ermittlung von u v w die Gleichungen (§ 24):

$$a_{00} b_{02} + a_{01} b_{12} + a_{02} b_{22} = 0;\ a_{01} b_{02} + a_{11} b_{12} + a_{12} b_{22} = 0;$$
$$a_{02} b_{02} + a_{12} b_{12} + a_{22} b_{22} = 0;\ \text{oder}$$

$$u\sigma b_{22} + b_{02}(u b_{02} + v b_{12} + w b_{22}) + b_{02}\lambda^0 = 0$$
$$v\sigma b_{22} + b_{12}(u b_{02} + v b_{12} + w b_{22}) + b_{12}\lambda' = 0$$
$$w\sigma b_{22} + b_{22}(u b_{02} + v b_{12} + w b_{22}) + b_{22}\lambda'' = 0.$$

Man sieht, verschwindet ein Richtungsfaktor, z. B. b_{02}, so verschwindet u und damit u_0, und u_{02}, d. h.:

Ist die schneidende Ebene einer der 3 Hauptaxen parallel, so ist es auch die Nebenebene und die Eine Hauptaxe der Schnittkurve ist der betreffenden Hauptaxe parallel.

Ist keins der b_{12} gleich Null, so kann man durch b_{02} etc. dividieren und wenn man $u b_{02}$, $v b_{12}$, $w b_{22}$ als

Unbekannte x, y, z einführt, so hat man, wenn man sich der Bedeutung der b_{23} erinnert, (den Richtungskosinus der Schnittebene proportional):

$$\frac{x}{\cos^2 \alpha} + \vartheta + \lambda^0 = 0 \text{ etc.}$$

und diese Gleichungen bleiben auch für den Fall des Parabolischen Cylinders richtig. Das System giebt, da $\vartheta = x + y + z$ ist:

2) $-2\vartheta = \lambda^0 \cos^2 \alpha + \lambda' \cos^2 \beta + \lambda'' \cos^2 \gamma.$

Hieraus erhält man sofort für den Fall, dass der Schnitt eine gleichseitige Hyperbel, d. h. die beiden in der Schnittfläche liegenden Hauptaxen entgegengesetzt gleich, also $s = 0; 2\vartheta = -\tau.$

2a) $\lambda^0 + \lambda' + \lambda'' = \lambda^0 \cos^2 \alpha + \lambda' \cos^2 \beta + \lambda'' \cos^2 \gamma$

oder

2c) $\lambda^0 \sin^2 \alpha + \lambda' \sin^2 \beta + \lambda'' \sin^2 \gamma = 0.$

Man sieht, wenn alle 3 λ positiv, ist diese Gleichung (für reelle Schnittebenen) unerfüllbar. Die Gleichung 2a) kann auch die Form annehmen (durch Multiplikation mit $\cos^2 \alpha + \cos^2 \beta + \cos^2 \gamma = 1$):

2b) $\cos^2 \alpha (\lambda' + \lambda'') + \cos^2 \beta (\lambda'' + \lambda^0)$
$$+ \cos^2 \gamma (\lambda^0 + \lambda') = 0.$$

Also (24) des § 26):

Die Ebenen, welche aus einer centralen Fläche F^2 gleichseitige Hyperbeln ausschneiden, sind den Tangentialebenen des Kegels mit den Axen $(\lambda' + \lambda'')^{-1}$; $(\lambda'' + \lambda^0)^{-1}$; $(\lambda^0 + \lambda')^{-1}$ parallel (also auch den Tangentialebenen an das Ellipsoid $(\lambda^0)^{-1}$; $(\lambda')^{-1}$; $(\lambda'')^{-1}$ im Abstande $\sqrt{\lambda^0 + \lambda' + \lambda''}$)

Die Ebenen dieser Schar, welche durch einen festen Punkt P gehen, umhüllen einen

Kegel mit der Spitze P, der sich von diesem nur durch Parallelverschiebung unterscheidet.

[Wird eine der Axen, z. B. λ'' gleich Null, ist also M im Unendlichen, so bleiben die Relationen 2a) 2b) 2c) bestehen, nur geht die Symmetrie verloren. Die Sätze gelten daher z. B. auch noch für den Cylinder, bei dem eine Axe 0 ist; doch sind die Schnitte nur für den hyperbolischen Cylinder reell.]

Wenn der Schnitt parabolisch, so ist der Cylinder ein parabolischer (§ 29). Die Cylinderaxe $\left\{ b_{02}\; b_{12}\; b_{22} \right.$ steht senkrecht auf der Axe $\left\{ a_{02}\; a_{12}\; a_{22} \right.$ bezw. $\sqrt{a_{00}}\, \sqrt{a_{11}}\, \sqrt{a_{22}}$ und die dritte Axe auf beiden, ihre Richtungsfaktoren sind p q r, wo $p = b_{12} \sqrt{a_{22}} - b_{22} \sqrt{a_{11}}$; $q = b_{22} \sqrt{a_{00}} - b_{02} \sqrt{a_{22}}$; $r = b_{02} \sqrt{a_{11}} - b_{12} \sqrt{a_{00}}$. Es ergiebt sich sofort $p^2 = \lambda' b_{22}{}^2 + \lambda'' b_{12}{}^2 \ldots,$
somit, da $p\, b_{02} + q\, b_{12} + r\, b_{22} = 0$ ist.

3) $\sqrt{\lambda'' b_{12}{}^2 + \lambda' b_{22}{}^2}\, b_{02} + \ldots = 0.$

Befreit man diese Gleichung von den Irrationalitäten durch Quadrierung wie bekannt, so ergiebt sich als Bedingung für die Richtungskosinus der Schnittebene die Gleichung

3a) $$\frac{\cos^2\alpha}{\lambda^0} + \frac{\cos^2\beta}{\lambda'} + \frac{\cos^2\gamma}{\lambda''} = 0$$

$$[\left\{ \lambda' \lambda'' \cos^2\alpha + \lambda'' \lambda^0 \cos^2\beta + \lambda^0 \lambda' \cos^2\gamma = 0 \right.]$$

d. h. (24 des § 26):

Die Parabolischen Schnitte einer Centralfläche 2. Grades sind den Tangentialebenen des Asymptotenkegel parallel.

[Ist eins der λ, z. B. λ'', gleich Null, rückt M ins Unendliche, wie beim Cylinder, so sondert sich aus 3 der Faktor b_{22} links ab, also muss entweder $b_{22} = 0$ sein, oder der andere Faktor ist 0; letzteres führt zu $b_{02} = 0$ oder $b_{12} = 0$. In jedem dieser beiden Fälle müsste aber der Schnitt senkrecht zur Axe 0, der also im allgemeinen die Axen λ^0 und λ' enthält, eine Parabel sein, es bleibt also, wenn man vom parabolischen Cylinder absieht, nur $b_{22} = 0$, d. h. wenn in einer Fläche F^2 eins der λ verschwindet, schneiden die Schnitte parallel der zugehörigen Axe Parabeln aus. Ist die Fläche ein Cylinder, so zerfallen diese Parabeln in zwei parallele Gerade.]

Um die Natur eines ebenen Schnittes allgemein zu beurteilen, muss man sich entsinnen, dass der Cylinder elliptisch, parabolisch, hyperbolisch, der Schnitt also Ellipse, Parabel, Hyperbel, je nachdem $b_{22} > 0, = 0, < 0$. Es ist aber b_{22} gleich $a_{00}\, a_{11} - a_{01}{}^2$ und es ergiebt sich

3b) $b_{22} = \cos^2\gamma\,(\lambda^0\lambda'\cos^2\gamma + \lambda'\lambda''\cos^2\alpha + \lambda^0\lambda''\cos^2\beta)$.

Somit hängt die Natur des Schnitts vom Zeichen des Faktors von $\cos^2\gamma$ ab, wir wollen ihn R nennen, und der Schnitt ist Ellipse, Parabel, Hyperbel, je nachdem $R > 0, = 0, < 0$ ist. Die Hauptaxengleichung des Schnitts, wodurch aber die Axen des Schnittkegelschnitts nur bis auf einen gemeinsamen Faktor bestimmt werden, ist:

3c) $L^2 - L\,\Sigma\lambda^0\sin^2\alpha + R = 0.$

§ 32. Die Kreisschnitte.

Es fragt sich, ob und wann der Schnitt zum Kreis

wird; es muss dann der Cylinder zum Rotationscylinder werden, $L' = L'' = \frac{s}{2}$; $\sigma = \frac{s^2}{4}$ und nach § 29

$$b_{02} + L_1 a_{02} = 0, \; b_{22} + L_1 a_{22} = 0; \; b_{01} - \sigma + L_1 a_{22} = 0;$$
$$b_{01} + s/2\, a_{01} = 0,$$

$$\text{also } \frac{a_{02}}{b_{02}} = \frac{a_{12}}{b_{12}} = \frac{a_{01}}{b_{01}},$$

ausser wenn eins der b z. B. b_{22} gleich 0, daraus folgt

$$u : v : w = b_{01} : b_{12} : b_{22},$$

dann geben unsere Gleichungen

$$C(s) = G(s) + c E^2(s),$$

d. h. die beiden Schnittkurven sind parallel, und unser System giebt

$$\lambda^0 + c(b_{01}^2 + b_{12}^2 + b_{22}^2) = 0; \; \lambda' + \ldots = 0;$$
$$\lambda'' + c \ldots = 0, \text{ d. h. } \lambda^0 = \lambda' = \lambda''.$$

Wenn also keins der b gleich Null, so muss G(s) eine Kugel sein; die b sind willkürlich, und wir finden die bekannte Eigenschaft der Kugel wieder, von jeder Ebene in einem Kreis geschnitten zu werden.

Ist G(s) keine Kugel, so muss eins der b gleich 0 sein, d. h. die schneidende Ebene einer der Hauptaxen parallel sein; dann werden an sich alle b gleich Null, aber da die schneidende Ebene eine bestimmte Richtung haben soll, so können wir, wenn z. B. $b_{22} = 0$, d. h. die schneidende Ebene der z-Axe parallel, setzen: $b_{22} : b_{02} = b_{22} : b_{02}$ und unsere Systeme bleiben, nur w und b_{22} sind 0, $\frac{s}{2} = \lambda''$.

Wir haben dann

a) $a_{00} + a_{11} = \lambda''$;
b) $a_{00} a_{10} = a_{01}^2$ (weil $b_{22} = 0$);
c) $a_{00} b_{02} + a_{01} b_{12} = 0$; $a_{01} b_{02} + a_{11} b_{12} = 0$
oder mit Benutzung von b)

$$a_{00} b_{02}^2 = a_{11} b_{12}^2,$$

d. h. $$\frac{a_{00}}{b_{12}^2} = \frac{a_{11}}{b_{02}^2} = \frac{a_{00} + a_{11}}{b_{02}^2 + b_{12}^2}.$$

Es steht nichts im Weg

$$b_{02} = \cos \alpha, \; b_{12} = \cos \beta, \; (\sin \alpha)$$

zu setzen, wodurch

$$a_{00} = b_{12}^2 \lambda''; \; a_{11} = \lambda'' b_{02}^2$$

und damit sind $2 u b_{02}$ und $2 v b_{22}$ als Funktionen von b_{02} und b_{12} bestimmt, die Gleichung a) giebt dann

α) $\lambda'' = \lambda^0 b_{12}^2 + \lambda' b_{02}^2$.

4) $$b_{02}^2 = \frac{\lambda'' - \lambda^0}{\lambda' - \lambda^0}; \; b_{12}^2 = \frac{\lambda' - \lambda''}{\lambda' - \lambda^0}.$$

Hierin stecken 2 Scharen von Ebenen, je nachdem wir die Wurzeln mit gleichen oder entgegengesetzten Zeichen nehmen, und da wir ebensogut $b_{02} = 0$ oder $b_{12} = 0$ setzen könnten, so giebt es im allgemeinen, d. h. von der Kugel und dem Kugelkegel abgesehen, 6 Scharen von Kreisschnitten, deren Realität wir später untersuchen wollen.

Die Kreisschnitte lassen sich, wenn einmal feststeht, dass die schneidende Ebene einer der Axen parallel ist, weit schneller erledigen, wenn man durch den Schnitt eine Kugel legt. Es müssen dann G (s) und $E(s) = \alpha x + \beta y + \delta$ oder wenn wir von der Konstante absehen, G (s) und $E(s) = \alpha x + \beta y$ so kombiniert werden können, dass die Gleichung der Kugel

$$a x^2 + a y^2 + a z^2 + \ldots$$

erhalten wird, d. h. die Quadrate der Variabeln gleiche Koeffizienten haben und die Produkte verschwinden. Da $\alpha x = -\beta y$, so ist für alle Punkte von E:

$$\alpha^2 x^2 = \beta^2 y^2 \text{ und es wird}$$

$$(\lambda^0 x^2 + \lambda' y^2 + \lambda'' z^2) + (\alpha^2 x^2 - \beta^2 y^2)$$

zur Kugelform, wenn

$$\lambda^0 + \alpha^2 = \lambda''; \; \lambda' - \beta^2 = \lambda''; \; \alpha^2 = \lambda'' - \lambda^0;$$

$$\beta^2 = \lambda' - \lambda'', \; \alpha^2 + \beta^2 = \lambda' - \lambda^0,$$

$$\text{d. h. } b_{02}{}^2 = \frac{\lambda'' - \lambda^0}{\lambda' - \lambda^0}. \quad \text{Also}$$

Auf jeder centralen Kegelfläche, den Kegel selbst eingeschlossen, giebt es 3 Paar, reeller oder imaginärer Kreisschnittscharen, ausgeschnitten von Ebenen, welche je Einer der Hauptaxen parallel sind und mit den andern die durch die Formeln 4) und ihre entsprechenden bestimmten Winkel einschliessen; die Winkel zweier zur selben Axe gehöriger Ebenen werden durch die beiden andern Axen halbiert.

[[Sind s' und s'' zwei Punkte (Elemente) des Gebildes $G(s) = 0$, so gilt für jeden Punkt $s \{ s' + \lambda s''$ ihrer Verbindungs- (Schnitt-) Geraden, und nur für diese, die Relation

$$P(s s') + P(s s'') = P(s' s'') . (1 + \lambda),$$

weil $P(u + v' x) = P(u x) + P(v x)$ ist, und

$P(s' s')$ etc. $= 0$. Ferner

$$P(s' s' + s'') = P(s' s'') . (1 + \lambda)$$

$s' + s'' \{ m$, wenn mit m der Mittelpunkt von $\overline{s' s''}$ (bezw. die Winkelhalbierende) bezeichnet wird; also $m \{ s_0' + s_0'' \ldots \{ x_0' + x'' \ldots 2$, somit

a) $P(sm) = P(s's'').(1+\lambda)$,

b) $P(mm) = G(m) = 2P(s's'')$,

c) $\frac{P(sm)}{1+\lambda} = \frac{1}{2} G(m)$

Bezeichnet man die gewöhnlichen Punktkoordinaten von m mit $\xi \eta \zeta$ und die von s mit x, y, z. — (Es ist $x = \frac{s_0}{s_3} \ldots$ und $s_3 = 1 + \lambda$, wenn $s_3' = 1$; $s_3'' = 1$), so haben wir

d) $G(\xi \eta \zeta 1) = P(\xi \eta \zeta 1, x y z 1)$ oder wenn wir $m \{ \xi \eta \zeta 1$, $s \{ x y z 1$ setzen.

e) $G(m) = P(s/m)$.

Sehen wir s als festen Punkt an, so haben wir den Satz:

Die Mitten aller Sehnen eines Quadrik's, welche durch einen festen Punkt P gehen, liegen auf einem ähnlichen Quadrik mit parallelen Axen, auf dem P liegt.

Der Berührungskegelschnitt des von P an G gelegten Kegels liegt auf diesem Quadrik, da P(s m) die Polarform von G (s).

Die Ableitung zeigt, dass der entsprechende Satz zugleich für die Kegelschnitte gilt.

Wird s als Ebene, G (s) als φ^2 gedeutet, so haben wir den dualen Satz:

Die Halbierungsebene des Winkels zweier Tangentialen, deren Schnittgerade auf einer festen Ebene liegt, umhüllt eine ähnliche φ^2.

Bewegt sich m, so dass G (m) konstant bleibt, so ist $P(sm) = G(m)$, die Gleichung der Tangentialen an das ähnliche Gebilde, m das Berührungselement; dies tritt z. B. ein, wenn sich ein dem Quadrik eingeschriebenes (umgeschriebene) Dreieck so bewegt, dass zwei Seiten (Ebenen) parallel bleiben, die dritte umhüllt dann einen ähnlichen Quadrik, der homothetisch ist, und m ist das Berührungselement.]]

Die Formeln 4) zeigen, dass b_{02}^2 und b_{12}^2 nur dann positiv und kleiner 1, die Ebene E nur dann reell, wenn λ die mittlere Axe repräsentiert.

Es sind also, abgesehen von der Kugel und dem Kugelkegel, nur 2 der Kreisscharen reell, welche zur selben Axe gehören. Sind zwei der λ gleich, ist die Fläche eine Rotationsfläche, so fallen die beiden Scharen zusammen.

Den zu einer Schnittebenenschar b_{02}; b_{12}; b_{22} konjugierten Durchmesser finden wir dadurch, dass wir ihn für den Kegel K (s) bestimmen, da haben wir für den Pol x' y' z'

$$c\,b_{02} = \sigma_0'; \quad c\,b_{12} = \sigma_1'; \quad c\,b_{22} = \sigma_2'; \quad 0 = \sigma_3'$$

also $x' = c\,b_{02}\,\lambda^{0-1}$; $y' = c\,b_{12}\,\lambda'^{-1}$; $z' = c\,b_{22}\,\lambda''^{-1}$, wodurch wir für den Durchmesser auf dem die Centren einer Kreisschnittschar liegen, erhalten.

$$5) \quad \frac{\lambda^0 x}{b_{02}} = \frac{\lambda' y}{b_{12}}; \quad z' = 0 \text{ etc.}$$

Wir können dies auch ohne Hilfe des Kegels ableiten.

Sei
$$x\alpha + y\beta + z\gamma = \delta$$
eine Ebene, so haben wir für ihren Pol
$$c\alpha = \lambda^0 x', \; \ldots \; c\delta = 1,$$
also, wenn $(\lambda^1)^{-1} = \lambda^{-1}$ gesetzt wird:

$x' = c\alpha\lambda^{-0}, \ldots; \; x' = \alpha\lambda^{-0}\delta^{-1}; \; y' = \beta\lambda^{-'}\delta^{-1};$

$$z' = \gamma\lambda^{-''}\delta^{-1}$$

oder
$$\frac{x'}{\alpha\lambda^{-0}} = \frac{y'}{\beta\lambda^{-'}} = \frac{z'}{\gamma\lambda^{-''}};$$

da δ hierin nicht vorkommt:

Die Pole aller parallelen Ebenen liegen auf Einem Durchmesser.

Ist $\delta = 0$, wird die Ebene zur Diametralebene, so rückt der Pol ins Unendliche, aber da die Verhältnisse der Koordinaten von δ unabhängig, so ist dieser Punkt in der Richtung $\alpha\lambda^{-0} \ldots$ und alle durch einen Punkt der Diametralebene in dieser Richtung gezogenen Parallelen werden zwischen der Fläche in ihm halbiert:

Zieht man durch einen Punkt $x' \ldots$ des Durchmessers eine Gerade mit den Richtungsfaktoren $u\,v\,w$ in der durch $x' \ldots$ gehenden Ebene der Schar $\alpha\;\beta\;\gamma$, so ist $u\alpha + v\beta + w\gamma = 0$, weil das Loth auf der Ebene auf $u\,v\,w$ senkrecht steht. Die Gleichungen der Geraden sind $x = x' + ru; \; y = y' + rv; \; z = z' + rw$
und für die Schnittpunkte mit der Fläche haben wir

$$G(x, y, z) = G(x' \ldots) + rc(u\alpha + v\beta + w\gamma) + r^2 G(u\,v\,w) = 0$$

und da der Koeffizient von rc verschwindet, so wird die Gerade zwischen den Schnittpunkten mit der Fläche im $x', \ldots$ halbiert, oder:

Der Punkt, in welchem der konjugierte Durchmesser die Ebene der Schar schneidet, ist der Mittelpunkt des Schnitts zwischen Fläche und Ebene.

Die Konstante δ bestimmt sich durch die Thatsache, dass wenn man eine der Koordinatenaxen in die Richtung der Cylinderaxe dreht, die betreffende Koordinate aus der Gleichung des Cylinders herausfällt. Dreht man also z. B. das Koordinatenkreuz in der x y-Ebene, (Fig. 13), so dass die x-Axe in die Richtung $b_{02}\, b_{12}$ fällt, setzt also

$$x = b_{02}\, \xi - b_{12}\, \eta; \quad y = b_{12}\, \xi + b_{02}\, \eta; \quad z = z,$$

so erhält man

$$C = \lambda'' z^2 + \lambda'' \eta^2 + \xi \delta + z\, d\, (u\, b_{02} + v\, b_{12}) \\ + z\, \eta\, d\, (v\, b_{02} - u\, b_{12}) - 1 + d\, \delta = 0.$$

Da der Koeffizient von ξ verschwinden muss, so ist

6) $\delta = d\, (\lambda^0 + \lambda' - \lambda'')$.

Das Verhältnis der Konstanten des zum Kreisschnitt gehörigen Schnitts und des Kreisschnitts ist konstant und $\lambda^0 + \lambda' - \lambda''$.

$$2\, (v\, b_{02} - u\, b_{12}) = 2\, b_{02}\, b_{12}\, (\lambda^0 - \lambda') = v.$$

(Es war $2\, u\, b_{02} = b_{02}{}^2 \lambda'' - \lambda^0 \ldots$), also

$$C = \lambda'' z^2 + \lambda'' \eta^2 + \eta\, d\, \nu - 1 + d\, \delta = 0.$$

Verschiebt man den Anfangspunkt in das Centrum des Schnittkreises bezw. in dessen Projektion auf die Ebene $z\, \eta$, so ist $\eta = \eta' + \eta_c$ und

$$\eta_c = -\frac{d\, \nu}{2\, \lambda''} = -\frac{d\, b_{02}\, b_{12}\, (\lambda^0 - \lambda')}{\lambda''}$$

Da ξ_c wie die **Figur 13** zeigt $= -d$, so hat das Centrum des Kreisschnitts der Schnittebene im Abstande d die Koordinaten

$$\xi_c = -d; \quad \eta_c = -\frac{d\, \nu}{2\, \lambda''}; \quad z_c = 0,$$

woraus sich in den ursprünglichen Koordinaten ergiebt

7) $$x_c = -\frac{d\, b_{02}\, \lambda'}{\lambda''}; \quad y_c = -\frac{d\, b_{12}\, \lambda^0}{\lambda''}, \quad z_c = 0,$$

wie man auch direkt erhält aus Kombination der Gleich-

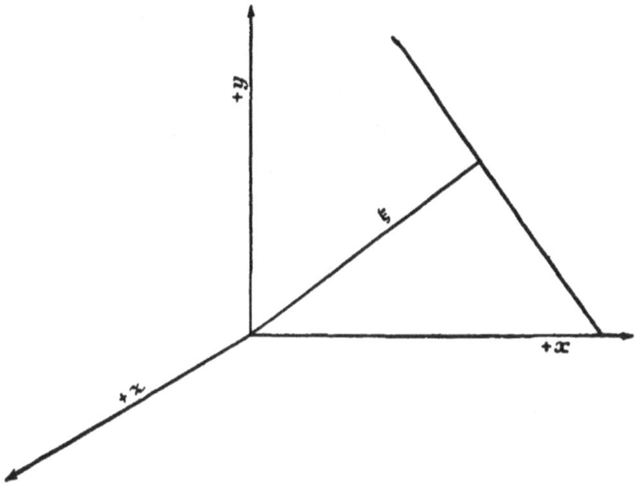

Fig. 13.

ung des Durchmessers, auf dem die Centren liegen, mit der Gleichung der Schnittebene

$$x\, b_{02} + y\, b_{12} + d = 0$$

(Benutzung der Gleichung 5 S. 142.) C wird

$$\lambda'' z^2 + \lambda'' \eta'^2 - 1 + d\,\delta + \eta c^2 \lambda'' + \eta c\, d\, \nu,$$

da aber $\eta c\, d\, \nu = -2\, \eta c^2\, \lambda'$, so ist

$$C = \lambda'' z^2 + \lambda'' \eta'^2 - \left(1 - d^2 \frac{\lambda^0 \lambda'}{\lambda''}\right).$$

Also das Quadrat des Radius r des Schnittkreises

$$8) \quad r^2 = \frac{1}{\lambda''} \left(1 - d^2 \frac{\lambda^0 \lambda'}{\lambda''}\right);$$

hieraus folgt, dass wenn 9) $d^2 = \frac{\lambda''}{\lambda^0 \lambda'} = d_0^2$ der Schnittkreis zum Punktkreis wird, und sobald $d^2 > \frac{\lambda''}{\lambda^0 \lambda'}$ der Schnitt imaginär wird; die Ebene wird für den Grenzfall zur Tangentialebene, die 4 durch die Gleichungen 7) und $d = d_0$ bestimmte Punkte fallen bei Rotationsflächen in die Endpunkte der Rotationsaxe paarweise zusammen; sie werden imaginär, sobald eine ungerade Anzahl λ negativ ist, sie heissen Kreispunkte der Fläche.

§ 33. Die Reye'schen Axen des centralen Quadriks.

Für die Axen einer Fläche F ergeben unsere Formeln aus § 22 S. 102, wenn x' y' z' die Koordinaten des Pols P sind

$$6) \quad \frac{x - x'}{\lambda^0 x'} = \frac{y - y'}{\lambda' y'} = \frac{z - z'}{\lambda'' z'}$$

die Hauptaxengleichung des Axenkegels, der durch P geht, erscheint zugleich in der cardanischen Form, d. h. das Glied mit λ^2 fehlt; man sieht ferner, dass die Konstante C gar nicht in die Axengleichung eingeht, also:

Eine Gerade, welche (Reye'sche) Axe der Fläche F ist, ist zugleich Axe für den zu F gehörigen Asymptotenkegel und damit für alle Flächen, welche sich von F nur durch den Wert von C unterscheiden, d. h. ähnlich und ähnlich liegend (homothetisch) sind; auch die Pole bleiben unverändert.

Die Gleichung der Axe ist, wenn P auf F liegt, zugleich die Gleichung der Normale der Fläche F im Punkte P, liegt P nicht auf F, so lässt sich der Wert von C als G (P) bestimmen, und es giebt also Eine homothetische Fläche F', auf der P liegt, und für welche die Axe, deren Pol P ist, zugleich Normale in P ist, d. h.:

Der Axenkomplex einer Fläche F ist identisch mit dem Komplex der Normalen aller mit F homothetischen Flächen.

(F selbst mitgerechnet.)

Da die Axen (§ 22, S. 102) eine Mannigfaltigkeit 3. Stufe bilden, während die aller Geraden des Raumes von 4. Stufe ist, so muss zwischen den Raumkoordinaten einer Geraden Eine Bedingung bestehen, damit sie Axe von F sei.

Wir haben (§ 9 S. 30):

$$\alpha = \lambda^0 x'; \ \beta = \lambda' y'; \ \gamma = \lambda'' z'; \ a = y' z' (\lambda' - \lambda''); \quad b = z' x' (\lambda'' - \lambda^0); \ c = x' y' (\lambda^0 - \lambda');$$

hieraus wie stets

$$\text{a)} \quad a\alpha + b\beta + c\gamma = 0 \text{ und}$$

$$\text{7)} \quad \frac{\alpha a}{\lambda^0} + \frac{\beta b}{\lambda'} + \frac{\gamma c}{\lambda''} = 0$$

oder mit Benutzung von a) wenn $\frac{-c}{\beta} = p$ und $\frac{b}{\gamma} = q$ gesetzt wird:

$$\text{7a)} \quad \frac{p}{q} = \frac{\lambda' - \lambda^0}{\lambda'' - \lambda^0} \cdot \frac{\lambda''}{\lambda^0}$$

und wenn $\frac{1}{\lambda^0} = A^2$ etc. gesetzt wird

$$\frac{p}{q} = \frac{B^2 - A^2}{C^2 - A^2}.$$

Gleichung 7) zeigt, dass der Axenkomplex von F mit denen der homothetischen Flächen F' identisch ist. 7a) dass er sich nicht ändert, wenn die reziproken Werte der Grössen λ alle um dieselbe Zahl geändert werden. Diese Flächen heissen nach Analogie von T. 1 konfokal, doch verschieben sich im 2. Fall die Pole.

Um die Koordinaten des Pols aus denen der Axe zu bestimmen, haben wir (Gleichung 20 § 9):

$$x' = \frac{\alpha}{\beta} y' - \frac{c}{\beta}; \; x' = \frac{\alpha}{\gamma} z' + \frac{b}{\gamma}; \quad \frac{\alpha}{\beta} y' = \frac{\lambda^0 x'}{\lambda'},$$

somit

$$8) \quad x' = \frac{p \lambda'}{\lambda' - \lambda^0} = \frac{\lambda'' q}{\lambda'' - \lambda^0}; \; y' = \frac{\lambda^0 p}{\lambda' - \lambda^0} \frac{\beta}{\alpha};$$

$$z' = \frac{\lambda'' q}{\lambda'' - \lambda^0} \frac{\gamma}{\alpha}.$$

Diese Gleichungen zeigen direkt, dass die Pole für alle homothetischen Flächen dieselben sind.

Die Bedingung 7a) lässt sich geometrisch interpretieren; die Figur 6 zeigt, dass eine Gerade, welche eine der Koordinatenebenen, z. B. die x y-Ebene in C, eine zweite, die x z-Ebene in B schneidet, Axe ist, wenn die Projektionen von OC und OB auf die 3. Axe im konstanten Verhältnis $(B^2 - A^2) : (C^2 - A^2)$ stehen.

§ 34. Fokalkurven, konfokale Flächen.

Wir haben für die Axen die Gleichungen 6) und daraus folgt, dass die Axe eine der Symmetrie-(Haupt-)-Ebenen, z. B. $y = 0$ im Punkt $\xi \eta \zeta$ so schneidet, dass

$$\eta = 0; \; \xi = x' \frac{(\lambda^0 - \lambda')}{\lambda'}; \; \xi = z' \frac{(\lambda'' - \lambda')}{\lambda'},$$

die der Axe konjugierte Ebene

$$\frac{x x'}{\lambda^0} + \frac{y y'}{\lambda'} + \frac{z z'}{\lambda''} - 1 = 0$$

schneidet die Ebene $y = 0$ in der Geraden

$$g \left\{ \frac{x x'}{\lambda^0} + \frac{z z'}{\lambda''} - 1 \right. \text{ oder}$$

$$g\left\{\frac{x\xi}{\lambda^{-0}-\lambda^{-'}}+\frac{z\zeta}{\lambda^{-''}-\lambda^{-'}}-1\right.$$

(wenn $(\lambda^i)^{-1}=\lambda^{-i}$), also T. 1, S. 81):

Eine Axe und ihre normale Ebene schneiden eine Symmetrieebene, z. B. $y=0$ in Pol und Polare in Bezug auf den in der Symmetrie-Ebene liegenden festen Kegelschnitt.

$$C^2\left\{\frac{x^2}{\lambda^{-0}-\lambda^{-'}}+\frac{z^2}{\lambda^{-''}-\lambda^{-'}}=1.\right.$$

Diese Kurven, deren es in jeder Haupt- oder Symmetrie-Ebene Eine giebt, heissen **Fokalkurven**, sie sind für F und alle mit ihr konfokalen identisch (und gehören selbst zu dieser Flächenschar).

Ihre Gleichungen sind:

$$C^2{}_y\left\{\frac{x^2}{\lambda^{-0}-\lambda^{-'}}+\frac{z^2}{\lambda^{-''}-\lambda^{-'}}=1;\right.$$

$$C^2{}_z\left\{\frac{y^2}{\lambda^{-'}-\lambda^{-''}}+\frac{x^2}{\lambda^{-0}-\lambda^{-''}}=1;\quad C_x{}^2\left\{\ldots\right.\right.$$

Setzt man fest, dass bei **dreiaxigen Flächen**, d. h. wenn je zwei λ voneinander verschieden sind,

$$\lambda^{-0}>\lambda^{-''}>\lambda^{-'},$$

so ist die Fokalkurve in $y=0$ — $C^2{}_y$ — eine Ellipse, die in $z=0$ eine Hyperbel, die Fokalkurve in $x=0$ imaginär.

Sind zwei λ gleich z. B. λ'' und λ', d. h. ist die Fläche eine Rotationsfläche mit der Rotationsaxe λ^0, so arten die reellen Kurven in zwei der Rotationsaxe parallele Geraden aus; bei der Kugel ist das Centrum der einzige reelle Punkt.

Auf den Fokalkurven liegen die Brennpunkte der Axen- oder Hauptschnitte; diese Punkte heissen die

Brennpunkte (Foci) der Fläche F und der konfokalen.

Legt man durch die Tangente in einem Punkte $P\left\{ x_1\, z_1 \right.$ einer Fokalkurve $C^2{}_y$ irgend eine Ebene ε_k, so steht die Axe dieser Ebene nach Definition der Fokalkurve in P auf ε_k senkrecht und daher liegt der Pol P_k der Ebene ε_k auf a_k. Alle diese Lote a_k bilden aber die in P auf der Tangente (und damit auf der Fokalkurve) senkrechte Ebene ν. Die Ebene ν schneidet F (und jede konfokale) in einem Kegelschnitt C^2 und der Pol jeder Sehne von C^2 durch P liegt auf der zugehörigen Axe a_k, somit steht die Linie, welche P mit dem Pol verbindet auf der Sehne senkrecht, d. h. aber P ist der Brennpunkt (oder Focus) des Schnitts C^2. Von dieser Eigenschaft hat die Fokalkurve den Namen; wir haben den Satz:

Die Ebene, welche im Berührungspunkt einer Tangente der Fokalkurve auf der Tangente senkrecht steht, schneidet die Schar konfokaler Flächen in Kegelschnitten, deren einer Brennpunkt der Berührungspunkt ist.

Die Flächenschar

$$\text{a)}\quad \frac{x^2}{a^2+p} + \frac{y^2}{b^2+p} + \frac{z^2}{c^2+p} = 1$$

hat identische Fokalkurven und daher rechtfertigt sich der Namen konfokal, sie hat denselben Axenkomplex, die Koordinaten der Pole haben gleiches Verhältnis. Will man die Flächen, welche in der Schar enthalten sind, klassifizieren, so kann man von jeder beliebigen ausgehen; man kann daher, unbeschadet der Allgemeinheit, annehmen $\lambda = 0$, $\lambda = '$, $\lambda = ''$, d. h. a^2, b^2, c^2 wären positiv und $a > c > b$ und p die Werte von $-\infty$ bis $+\infty$ durchlaufen lassen.

Ist 1) $p = -\infty$, so sind $a^2 + p$, $b^2 + p$, $c^2 + p$ alle gleich p und a) geht über in $x^2 + y^2 + z^2 = -p$ und stellt eine Kugel mit unendlich grossem imaginären Radius dar.

Ist 2) p zwischen $-\infty$ und $-a^2$, so sind alle 3 Hauptaxen λ negativ, die Flächen sind imaginäre Ellipsoïde (vgl. 7. Abschnitt).

Ist 3) $p = -a^2$, so wird die Fläche mit der imaginären Fokalkurve $C_x{}^2$ identifiziert.

Ist 4) p zwischen $-a^2$ und $-c^2$, so sind die Flächen, da zwei Hauptaxen negativ sind, zweischalige Hyperboloïde.

Ist 5) $p = -c^2$, so soll die Fläche die Fokalhyperbel $C^2{}_z$ darstellen.

Ist 6) p zwischen $-c^2$ und $-b^2$, so ist eine Axe negativ, die Flächen sind einschalige Hyperboloide.

Ist 7) $p = -b^2$, so soll die Fläche in die Fokalellipse $C_y{}^2$ übergehen.

Ist 8) p zwischen $-b^2$ und $+\infty$, so sind alle 3 Axen positiv, die Flächen sind Ellipsoide.

Ist 9) $p = +\infty$, so ist $x^2 + y^2 + z^2 = p$ und die Fläche geht in die Kugel mit unendlich grossem Radius über.

Die Gleichung a) ist für p, wenn xyz als festgegeben angenommen werden, eine Gleichung 3. Grades, also gehen generaliter durch jeden Punkt P im Raume 3 konfokale Flächen der Schar a). Die Gleichung wird vom 2. Grade, wenn P auf einer Fokalkurve liegt, z. B. $C_y{}^2$, aber dann ist eine Wurzel $p = -b^2$.

Liegt P auf keiner Fokalkurve, so erhält man eine Gleichung 3. Grades, welche nach Fortschaffung der Nenner die Form annimmt:

$$L=(a^2+p)(b^2+p)(c^2+p)-\Sigma x^2(b^2+p)(c^2+p)=0.$$

Für $p=+\infty$ wird L positiv, für $p=-b^2$ ist L negativ, für $p=-c^2$ ist L positiv, für $p=-a^2$ ist L negativ und bleibt es, wenn $p<-a^2$ wird, also liegt eine Wurzel zwischen $+\infty$ und $-b^2$, eine zweite zwischen $-b^2$ und $-c^2$, die dritte zwischen $-c^2$ und $-a^2$, wobei es vorkommen kann, dass Eine Wurzel mit einem der Grenzen zusammenfällt.

Damit ist bewiesen:

Durch jeden Punkt im Raum gehen 3 und nur 3 konfokale Flächen der Schar, von jeder Art je eine, wenn wir die Fokalellipse zu den Ellipsoïden, die Fokalhyperbel zu den einschaligen Hyperboloiden rechnen.

Zwei konfokale Flächen derselben Art schneiden sich nicht.

Dagegen können wir beweisen:

Zwei konfokale Flächen verschiedener Art haben stets eine (reelle) Schnittkurve.

Wir wollen diesen Satz nur für die Hyperboloïde beweisen, da er für Ellipsoïd-Hyperboloïd anschaulich klar:

$$\alpha)\quad \frac{x^2}{a^2+p}+\frac{y^2}{b^2+p}+\frac{z^2}{c^2+p}=1$$

sei einschaliges Hyperboloid, d. h. p zwischen $-c^2$ und $-b^2$.

$$\beta)\quad \frac{x^2}{a^2+q}+\frac{y^2}{b^2+q}+\frac{z^2}{c^2+q}=1$$

zweischalig, d. h. q zwischen $-c^2$ und $-a^2$.

Wir subtrahieren β) von α), giebt

$$\gamma)\ \frac{x^2}{(a^2+p)(a^2+q)} + \frac{z^2}{(c^2+p)(c^2+q)} + \frac{y^2}{(b^2+p)(b^2+q)} = 0$$

oder $x^2u - z^2v + y^2w = 0$, wo u, v, w, nicht negativ sind, oder $z^2 = x^2u' + y^2w'$, wo u' und w' im allgemeinen > 0, jedenfalls nicht < 0 sind.

α) giebt dann: $x^2\mu + y^2\nu = 1$, wo μ sicher positiv und ν sicher nicht negativ.

Diese Gleichung wird aber von allen Punkten der Ellipse mit den Axen $\sqrt{\frac{1}{\mu}}$; $\sqrt{\frac{1}{\nu}}$ erfüllt. Also:

Zwei konfokale Centralflächen zweiten Grades (centrale Quadriks), schneiden sich in einer Kurve, deren Projektionen auf die Hauptebenen Kegelschnitte sind, deren Centrum das Centrum der Flächen und deren Hauptaxen in die Hauptaxen der Flächen fallen.

Die Gleichung γ) enthält den Hauptsatz, der Punkt $P\{x_0 \ldots$ sei den Flächen α) und β) gemeinsam, dann gilt auch γ), das wir in der Form schreiben können:

$$\frac{x_0}{a^2+p}\cdot\frac{x_0}{a^2+q} + \frac{y_0}{b^2+p}\cdot\frac{y_0}{b^2+q} + \frac{z_0}{c^2+p}\cdot\frac{z_0}{c^2+q} = 0.$$

Es sind aber $\frac{x_0}{a^2+p} \ldots$ die Richtungsfaktoren der Tangentialen an die Fläche α) in P, desgl. $\frac{x_0}{a^2+q} \ldots$ die der Tangentialen an β) in P und wir haben den Satz:

Zwei konfokale Flächen F' schneiden sich rechtwinklig.

Da durch jeden Punkt im Raum 3 Flächen der Schar gehen, welche sich rechtwinklig schneiden, so hat die konfokale Flächenschar dieselbe Eigenschaft, wie das System der orthogonalen Koordinatenebenen. Den Raum in unendlich kleine rechtwinklige Parallelepipeda (Balken) zu teilen, und daher haben Lamé und Jacobi die 3 zu jedem Punkt gehörigen Werte des p zu Koordinaten des Punktes gemacht, die sogen. Elliptischen Koordinaten, ein krummliniges Koordinatensystem, das sich für theoretische Physik und Integralrechnung als äusserst brauchbar erwiesen.

Die Gleichung $L = 0$ bestimmt zu jedem Punkt P seine Elliptischen Koordinaten, von denen, wie bewiesen, p zwischen $+\infty$ und $-b^2$; q zwischen $-b^2$ und $-c^2$, r zwischen $-c^2$ und $-a^2$ liegen muss, falls P ein reeller Punkt ist. Der Wert des p (einschliesslich des Minimum $-b^2$) bestimmt das durch P gehende Ellipsoïd, der des q (einschliesslich $-c^2$) das einschalige Hyperboloid, der des r (dessen untere Grenze $-a^2$) das zweischalige Hyperboloid. Die elliptischen Koordinaten sind also beschränkt.

Man muss nun aus den elliptischen Koordinaten die orthogonalen bestimmen. Es ist, wenn das variabele p in L mit π bezeichnet wird, L identisch mit $(\pi - p)(\pi - q)(\pi - r)$, wo p, q, r die Wurzeln von $L = 0$. (Schubert, Arithmetik.)

$$pqr = x^2 b^2 c^2 + y^2 c^2 a^2 + z^2 c^2 b^2 - a^2 b^2 c^2.$$

$$p + q + r = x^2 + y^2 + z^2 - (a^2 + b^2 + c^2)$$

$$pq + qr + rp = a^2b^2 + b^2c^2 + c^2a^2 - x^2(b^2 + a^2) - y^2(c^2 + b^2) - z^2(a^2 + c^2).$$

Es ist, wenn $\pi = -b^2$ ist:

$$y^2(a^2 - b^2)(c^2 - b^2) = (-b^2 - p)(-b^2 - q)(-b^2 - r) = L(-b^2) = (-b^2)^3 - (-b^2)^2(p + q + r)\ldots,$$

wo $L(-b^2)$ den Wert bedeutet, den die Form L annimmt, wenn man für die Variable π einsetzt $-b^2$, also

$$y^2 = \frac{L(-b^2)}{(c^2 - b^2)(a^2 - b^2)}; \quad x^2 = \frac{L(-a^2)}{(b^2 - a^2)(c^2 - a^2)};$$

$$z^2 = \frac{L(-c^2)}{(a^2 - c^2)(b^2 - c^2)},$$

woraus sich die schon bekannten Beschränkungen von pqr aufs neue ergeben, da $x^2y^2z^2$ nicht < 0 sein dürfen.

Man sieht, dass zu ein und demselben Wertsystem p, q, r generaliter 8 Punkte gehören, d. h.

drei verschiedenartige konfokale centrale Quadriks schneiden sich in 8 Punkten.

Soll Bestimmtheit erzielt werden, so müssen auch hier durch Festsetzung der Wurzelzeichen die verschiedenen Octanten kenntlich gemacht werden.

Man sieht, dass

$$p + q + r = \text{Konstans}$$

die Gleichung einer Kugel in Ell. Koord.,

$$pqr = \text{Konst.}$$

die Gleichung eines Ellipsoïds, das mit dem Grundellipsoïd homothetisch.

$$pq + qr + rp = \text{Konst.}$$

die Gleichung eines Ellipsoïdes.

VII. Abschnitt.

Die centralen Kegelflächen in spezieller Behandlung.

§ 35. Einteilung.

Die Gleichung $\lambda^0 x^2 + \lambda' y^2 + \lambda'' z^2 = 1$ enthält 4 wesentlich verschiedene Flächen: a) Alle 3 λ sind negativ, die Fläche hat keine reellen Punkte, sie ist imaginär (imaginäres Ellipsoïd); b) alle 3 λ sind positiv, dann ist der Asymptotenkegel, abgesehen von der Spitze, imaginär; die Fläche hat ihre sämtlichen Punkte im Endlichen; ihre unendlich fernen Punkte sind imaginär, diese Fläche heisst Ellipsoïd; man giebt ihrer Gleichung meist die Form:

$$1) \quad \frac{x^2}{a^2} + \frac{y^2}{b^2} + \frac{z^2}{c^2} = 1.$$

Spezielle Fälle sind: die Kugel (wenn $a = b = c$) und das Rotations-Ellipsoïd oder Sphäroïd ($\lambda^i = \lambda^k$).

c) Zwei λ sind > 0, eins < 0, z. B. λ^0 und $\lambda'' > 0$, $\lambda' < 0$.

$$2) \quad \frac{x^2}{a^2} - \frac{y^2}{b^2} + \frac{z^2}{c^2} = 1.$$

Der Asymptotenkegel liegt innerhalb der Fläche, alle Schnitte parallel den Hauptebenen sind reell, die Fläche heisst Einschaliges Hyperboloïd (Elliptisches Hyperboloïd).

d) Zwei λ sind negativ, eins positiv.

3) $\frac{x^2}{a^2} - \frac{y^2}{b^2} - \frac{z^2}{c^2} = 1.$

Der Asymptotenkegel liegt ausserhalb, Schnitte parallel zur yz-Ebene sind imaginär bis $(x) \geqq a$. Die Fläche zerfällt in zwei durch einen Streifen von der Breite 2a getrennte symmetrische Stücke, sie heisst: Zweischaliges Hyperboloïd.

§ 36. Das Ellipsoïd.

Die Hauptschnitte, d. h. die Schnitte durch je zwei Hauptaxen sind Ellipsen. Ist $x = 0$, so ist $\frac{y^2}{b^2} + \frac{z^2}{c^2} = 1$ eine Ellipse mit den Halbaxen b und c. Die Grössen $+a$, $+b$, $+c$, heissen die Halbaxen der Fläche (s. **Fig. 14 u. 14a**). Der Anfangspunkt M ist Mittelpunkt im eigentlichen Sinne, jede durch ihn gehende Sehne wird in ihm halbiert, denn die Polarebene des Punktes M ist die Unendlich ferne, weil ihre Gleichung $1 = 0$. Dies folgt auch ohne die Lehre von Pol und Polaren, denn sieht man durch M eine Gerade $\{ \alpha, \beta, \gamma,$ so ist $r^2 = d^2$ und $r = \pm d$ für die Schnittpunkte mit der Fläche. Jeder Hauptschnitt ist Symmetrieebene, wie schon daraus folgt, dass nur die Quadrate der Variabeln in 1) vorkommen.

Bewegt sich die schneidende Ebene parallel zum Hauptschnitt, so werden die Schnitte ähnliche Ellipsen mit beständig kleiner werdenden Axen, ist $x = \pm a$, so werden die Schnitte parallel yz zu Ellipsen mit den Halbaxen 0, d. h. sie werden zu Punkten $x = \pm a$; $y = 0$, $z = 0$; sie heissen Scheitel, deren das Ellipsoïd

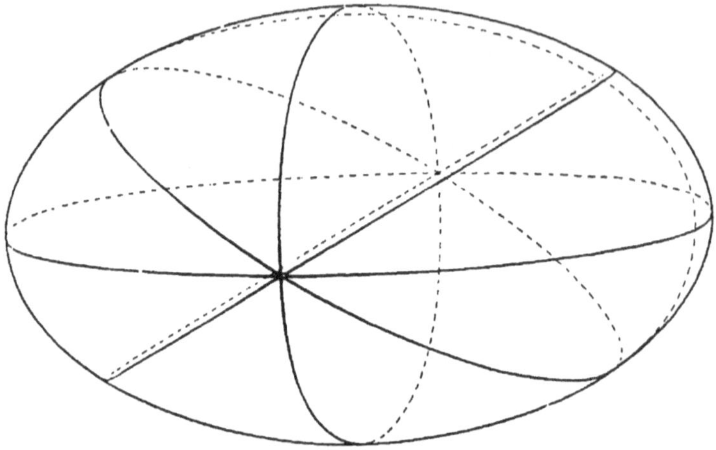

Fig. 14.

also 6 hat. Ist der Abstand > als die zugehörige Halbaxe dem absoluten Betrage nach, so wird der Schnitt imaginär. Das Ellipsoïd liegt also ganz innerhalb eines graden Parallelepipedons, dessen Ecken die Koordinaten $+a$; $+b$; $+c$; $+a$, $+b$, $-c$, ... haben, und be-

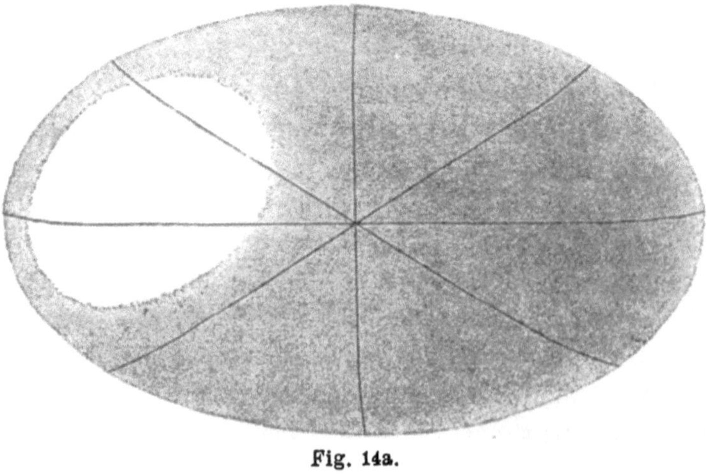

Fig. 14a.

rührt die Seitenflächen desselben in den Scheiteln. Die Schnitte des Ellipsoids durch eine beliebige Schar paralleler Ebenen sind Kegelschnitte, welche keinen Punkt im Unendlichen haben, d. h. Ellipsen. Die Hauptaxen dieser Schnittellipsen geben die Formeln des § 31. Ist die Schnittebene

$$x b_{02} + y b_{22} + z b_{22} + d = 0,$$

so liegen die Centren der Schnittellipsen auf dem Durchmesser

$$\frac{\lambda^0 x}{b_{02}} = \frac{\lambda' y}{b_{12}} = \frac{\lambda'' z}{b_{22}} = r$$

und wir erhalten für die Koordinaten des Centrums

$$r(a^2 b_{02}^2 + b^2 b_{12}^2 + c^2 b_{22}^2) + d = 0; \quad r = -\frac{d}{n}$$

$$x = r b_{02} a^2; \quad y = r b_{12} b^2; \quad z = r b_{22} c^2.$$

Die Mittelpunkte sind also stets reell, auch wenn die Schnittellipse imaginär ist; dies tritt ein, sobald $d^2 > n$ ist. Ist $d^2 = n$, so liegt das Centrum auf der Fläche, die Schnittellipse wird zum Punkte, die Ebene zur Tangentialen in diesem Punkt.

Damit eine Ebene $(b_{02}, b_{12}, b_{22}, d)$ *Tangentiale an das Ellipsoid sei, ist die Bedingung zu erfüllen:*

$$d^2 = a^2 b_{02}^2 + b^2 b_{12}^2 + c^2 b_{22}^2$$

und die Koordinaten des Berührungspunktes sind

$$x = -\frac{b_{02} a^2}{d}; \quad y = -\frac{b_{12} b^2}{d}; \quad z = -\frac{b_{22} c^2}{d}.$$

Um an einen Punkt A der Ellipse die Tangentiale zu konstruieren, benutzen wir den Umstand, dass die Tangentiale der zum Durchmesser MA konjugierten Ebene parallel ist. Man zieht zwei dem Durchmesser MA parallele Sehnen der Fläche, legt durch M und die Mitten P und Q der Sehnen die Ebene und durch A zur Ebene MPQ die Parallele.

Hyperbolische und Parabolische Schnitte existieren nicht, die Kreisschnitte werden gegeben durch die Formeln

$$\cos^2\alpha = b_{02}^2 = \frac{\lambda'' - \lambda^0}{\lambda' - \lambda^0}; \quad \cos^2\beta = b_{12}^2 = \frac{\lambda' - \lambda''}{\lambda' - \lambda^0},$$

$$b_{22}^2 = \cos^2\gamma = 0 = \frac{\lambda'' - \lambda''}{\lambda' - \lambda^0}$$

und die entsprechenden

$$b_{00}^2 = \cos^2\alpha = 0 = \frac{\lambda^0 - \lambda^0}{\lambda'' - \lambda'}; \quad \cos^2\beta = b_{01}^2 = \frac{\lambda'' - \lambda^0}{\lambda'' - \lambda'},$$

$$b_{20}^2 = \cos^2\gamma = \frac{\lambda'' - \lambda^0}{\lambda'' - \lambda'};$$

$$b_{10}^2 = \frac{\lambda^0 - \lambda'}{\lambda^0 - \lambda''} = \cos^2\alpha; \quad b_{11}^2 = \cos^2\beta = 0;$$

$$b_{21}^2 = \cos^2\gamma = \frac{\lambda' - \lambda''}{\lambda^0 - \lambda''}.$$

Damit das erste System reelle Werte ergebe, muss $\lambda^0 < \lambda'' < \lambda'$ sein, dann ergeben alle übrigen imaginäre Werte (meist setzt man $\lambda^0 < \lambda' < \lambda''$). Bei der Festsetzung $a > c > b$ ergiebt sich:

$$\cos\alpha = b_{02} = \frac{b}{c}\sqrt{\frac{a^2 - c^2}{a^2 - b^2}}; \quad \cos\beta = \pm\frac{a}{c}\sqrt{\frac{c^2 - b^2}{a^2 - b^2}}.$$

Für die Durchmesser, auf denen die Centren der Kreise liegen, ist

$$\frac{x\lambda^0}{b_{02}} = \frac{y\lambda'}{b_{12}}; \quad z = 0$$

und dies ergiebt für die Endpunkte des Durchmessers

$$x_1 = a\sqrt{\frac{a^2 - c^2}{a^2 - b^2}}; \quad y_1 = b\sqrt{\frac{c^2 - b^2}{a^2 - b^2}} \quad x_2 = -x_1;$$

$$y_2 = -y_1.$$

$x_3 = x_1;\ y_3 = -y_1;\ x_4 = -x_3;\ y_4 = -y_3.$
Diese 4 Punkte heissen die Kreispunkte des Ellipsoids, der Abstand d_0 ergiebt sich aus 9) § 31 als

$$\pm\frac{ab}{c}.$$

Ist $P \left\{ x \ldots \right.$ ein Punkt der Fläche, setzt man $\frac{x}{a} = \cos\alpha \ldots$, so sind $\cos\alpha$; $\cos\beta$; $\cos\gamma$; oder kürzer: $\alpha\ \beta\ \gamma$ die Richtungskosinus eines Strahls r, PM ist ein Halbmesser der Fläche. Schlägt man um M eine Kugel mit der Längeneinheit, so schneidet Strahl r die Kugel im P entsprechenden Punkte π; die Fläche ist somit auf die Kugel eindeutig abgebildet, und dem Halbmesser PM entspricht der Radius πM. Ist a' die Länge von PM, sind $b_{02} \ldots$ seine Richtungsfaktoren, so ist $x = a' b_{02} = a \cos\alpha \ldots$ Die PM konjugierte Ebene ist die Diametralebene

$$\text{d)}\ \frac{x\xi}{a^2} + \frac{y\eta}{b^2} + \frac{z\zeta}{c^2} = 0.$$

Ist P′ ein Punkt dieser Ebene auf der Fläche, hat MP′ die Richtungsfaktoren $b'_{02} \ldots$, so ist MP′ ein MP konjugierter Durchmesser bezw. Halbmesser, ist r' der ihm entsprechende, $\alpha'\beta'\gamma'$ seine Richtungskosinus, so geht d) über in $\alpha\alpha' + \beta\beta' + \gamma\gamma' = 0$, d. h.:

Die zwei konjugierten Halb-(Durch-)messern entsprechenden Kugelradien (Durchmesser) stehen aufeinander senkrecht.

Es ist leicht zu P das π zu konstruieren.

Die 3 konjugierten Durchmessern entsprechenden Kugel-Durchmesser stehen zu je zweien aufeinander senkrecht und bilden daher ein System orthogonaler dreiaxiger Koordinaten; wir können die Folge so festsetzen, dass es aus dem der Hauptaxen durch Drehung abgeleitet werden kann, es gelten also die Formeln aus § 13, d. h. es ist

$$\alpha^2 + \alpha'^2 + \alpha''^2 = 1 \ldots \alpha\beta' + \alpha'\beta' + \alpha'\gamma' = 0 \ldots$$

Aus dieser Quelle fliesst eine Fülle von Sätzen über konjugierte Durchmesser, z. B.:

Die Summe der Quadrate dreier konjugierter Durchmesser ist konstant, also:

$$4\,(a^2 + b^2 + c^2).$$

Es ist

$$x^2 + x'^2 + x''^2 = a^2;\ y^2 + y'^2 + y''^2 = b^2;\ z^2 + z'^2 + z''^2 = c^2.$$

$$a'^2 = x^2 + y^2 + z^2;\ b'^2 = x'^2 + y'^2 + z'^2;\ c'^2 = x''^2 + y''^2 + z''^2.$$

Die Summe der Quadrate der Seitenflächen eines dem Ellipsoide in den Endpunkten dreier konjugierter Durchmesser umschriebene Parallelepipedons ist konstant (also gleich $4^2 a^2 b^2 + 4^2 b^2 c^2 + 4^2 c^2 b^2$).

(Die Projektionen von OPP' und $O\pi\pi'$ auf eine der Koordinatenebenen, z. B. die xy-Ebene, verhalten sich wie $ab : 1.1$, da $x : \zeta = a : 1$, $y : \eta = b : 1$, und Schluss von § 3.)

Das dem Ellipsoid in den Endpunkten dreier konjugierter Durchmesser umgeschriebene Parallelepiped ist konstant (und also $= 8\,abc$).

Diese Sätze sind die Erweiterung der Sätze T. 1. S. 14.

. Die Summe der Quadrate der Projektionen dreier konjugierter Durchmesser auf eine beliebige Gerade (oder Ebene) ist konstant. (Hat die Grade die Richtungskosinus u v w, so ist diese Summe

$$(ux + vy + wz)^2 + (ux' + vy' + wz')^2$$
$$+ (ux'' + vy'' + wz'')^2 = u^2a^2 + v^2b^2 + w^2c^2,$$

da $xy = ab\alpha\beta$).

Diese Sätze erleiden für die Hyperboloide nur die durch den Zeichenwechsel der λ nötige Aenderung.

§ 37. Das Einschalige Hyperboloïd.

Seine Gleichung war:

$$\frac{x^2}{a^2} - \frac{y^2}{b^2} + \frac{z^2}{c^2} = 1;$$

schreibt man sie in der Form:

$$\frac{x^2}{a^2} - \frac{y^2}{b^2} = 1 - \frac{z^2}{c^2} \text{ oder } \varrho\left(\frac{x}{a} + \frac{y}{b}\right)\left(\frac{x}{a} - \frac{y}{b}\right)$$
$$= \varrho\left(1 + \frac{z}{c}\right)\left(1 - \frac{z}{c}\right)$$

und setzt

$$\text{a)} \quad \frac{x}{a} + \frac{y}{b} = \varrho\left(1 + \frac{z}{c}\right); \quad \varrho\left(\frac{x}{a} - \frac{y}{b}\right) = 1 - \frac{z}{c}$$

oder

$$\text{b)} \quad \frac{x}{a} + \frac{y}{b} = \sigma\left(1 - \frac{z}{c}\right); \quad \sigma\left(\frac{x}{a} - \frac{y}{b}\right) = 1 + \frac{z}{c},$$

in welcher ϱ und σ beliebige Konstanten — Parameter — sind, so liegen sowohl alle Geraden, in welchen sich die zugeordneten Ebenen der Doppel-Schar a) schneiden, als auch alle Geraden, in welchen sich die zugeordneten

Ebenen der Doppel-Schar b) schneiden auf der Fläche, oder:

Das Einschalige Hyperboloid ist ein geradliniger Quadrik (§ 22, S. 95), **Figur 15.**

Die Ebenen beider Doppelscharen sind unter sich projektiv bezogen (S. 98) und zwar gehören die Ebenen gleichen ϱ's bezw. σ's zu einander.

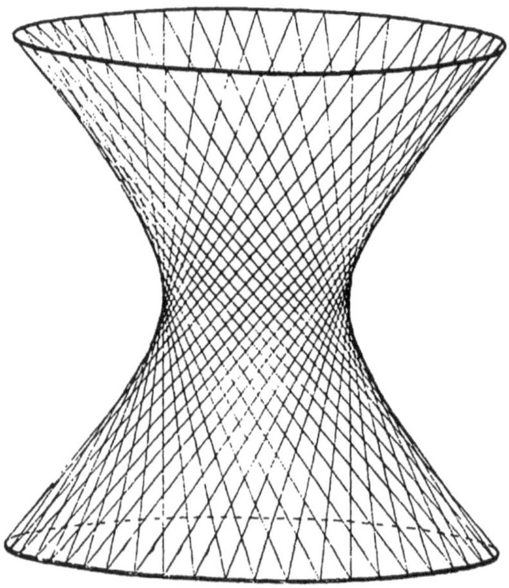

Fig. 15.

Es kreuzen sich also (S. 98) die Schnittgeraden der Doppelschar a) und ebenso die der Doppelschar b), dagegen schneidet jede Gerade der Doppelschar a) jede Gerade der Doppelschar b) und v. v., d. h. (**Fig. 15**):

Durch jeden Punkt P des Einschaligen Hyperboloids gehen 2 reelle Geraden, je eine der durch a) gegebenen Schar und eine der durch b gegebene Schar.

Die Ebene beider Geraden ist dann die Tangentialebene der Fläche, da jede Gerade ihre eigne Tangente ist.

Dies zeigt auch die Gleichung der Tangentialebene τ.

$$\frac{xx'}{a^2} - \frac{yy'}{b^2} = 1 - \frac{zz'}{c^2}$$

in der sowohl die Gerade der Schar a)

$$\begin{cases} \left(\frac{x}{a} + \frac{y}{b}\right)\left(\frac{x'}{a} - \frac{y'}{b'}\right) = \left(1 - \frac{z'}{c}\right)\left(1 + \frac{z}{c}\right) \\ \left(\frac{x}{a} - \frac{y}{b}\right)\left(\frac{x'}{a} + \frac{y'}{b}\right) = \left(1 + \frac{z'}{c}\right)\left(1 - \frac{z}{c}\right) \\ \left[\varrho = \left(1 - \frac{z'}{c}\right) : \left(\frac{x'}{a} - \frac{y'}{b}\right) = \left(\frac{x'}{a} + \frac{y'}{b}\right) : \left(1 + \frac{z'}{c}\right)\right] \end{cases}$$

als die Gerade der Schar b)

$$\begin{cases} \left(\frac{x}{a} + \frac{y}{b}\right)\left(\frac{x'}{a} - \frac{y'}{b'}\right) = \left(1 + \frac{z'}{c}\right)\left(1 - \frac{z}{c}\right) \\ \left(\frac{x}{a} - \frac{y}{b}\right)\left(\frac{x'}{a} + \frac{y'}{b'}\right) = \left(1 - \frac{z'}{c}\right)\left(1 + \frac{z}{c}\right) \\ \left[\sigma = \left(1 + \frac{z'}{c}\right) : \left(\frac{x'}{a} - \frac{y'}{b}\right) = \left(\frac{x'}{a} + \frac{y'}{b}\right) : \left(1 - \frac{z'}{c}\right)\right] \end{cases}$$

liegt, und es ist

$$(\sigma + \varrho) : (\sigma - \varrho) = c : z'.$$

Die Konstruktion der beiden Geraden und damit der Tangentialebene der Fläche in P ergiebt sich durch folgende Betrachtung: Die Ebene τ schneidet die Ebene $y = 0$, d. i. die Symmetrie- oder Hauptebene xz in der Geraden γ:

$$\frac{x x'}{a^2} + \frac{z z'}{c^2} = 1,$$

d. i. (T. 1) in der Polaren des Pols (x' z') als π (d. h. der xz-Projektion des Punktes P) in Bezug auf die Ellipse

$$\frac{x^2}{a^2} + \frac{z^2}{c^2} = 1,$$

d. h. des Schnitts der Fläche durch die Ebene $y = 0$ oder xz-Ebene (**Fig. 16**), der **Kehlellipse.**

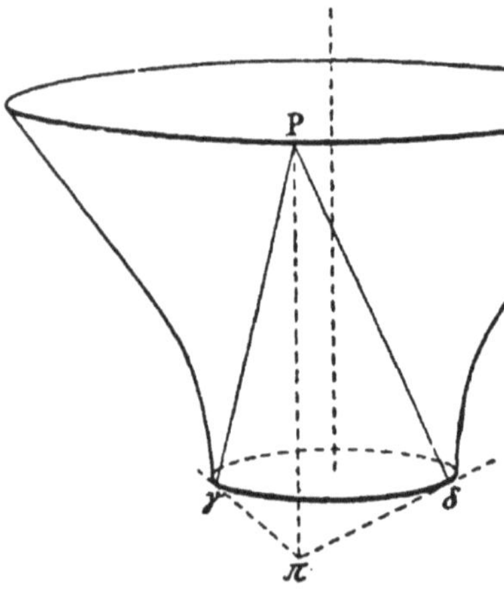

Fig. 16.

Man hat also nur nötig, die Polare des Punktes π in Bezug auf die Kehlellipse zu konstruieren, und durch sie und P die Ebene zu legen. Da vermöge der Gleichung der Fläche

$$\frac{x'^2}{a^2} + \frac{y'^2}{b^2} > 1,$$

so ist π ausserhalb der Kehlellipse, die Polare ist zugleich Chordale oder Berührungssehne; also man ziehe von π an die Kehlellipse die Tangenten $\pi\gamma$ und $\pi\delta$ und verbinde die Berührungspunkte γ und δ mit dem

Punkte P, so sind Pγ und Pδ die beiden Haupttangenten in P. Die Schnitte parallel der xz-Ebene sind Ellipsen, hat die schneidende Ebene den Abstand $y = \pm \delta$ von $y = 0$, so ist die Gleichung des Schnitts

$$\frac{x^2}{a^2} + \frac{z^2}{c^2} = 1 + \frac{\delta^2}{b^2},$$

wird $\sqrt{1 + \frac{\delta^2}{b^2}} = \varepsilon$ gesetzt, so ist die Gleichung des Schnitts

$$\frac{x^2}{a^2 \varepsilon^2} + \frac{z^2}{c^2 \varepsilon^2} = 1.$$

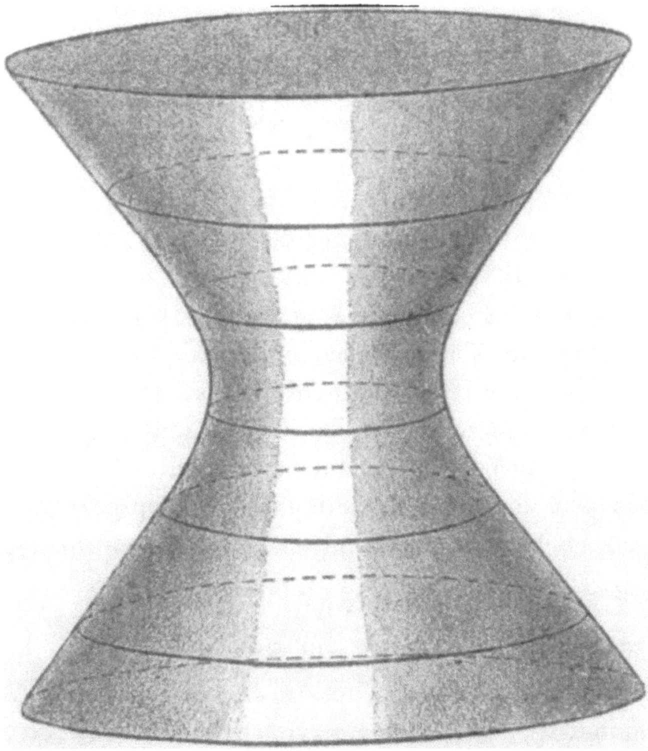

Fig. 17.

Von der ganzen Schar ähnlicher Ellipsen hat also die Kehlellipse die kleinsten Axen und nach beiden Seiten nehmen die Axen fortwährend zu (s. **Fig. 17**). Die Endpunkte der Axen der Kehlellipse heissen Scheitel. Die Schnitte parallel der yx-Ebene sind ähnliche Hyperbeln mit den Gleichungen

$$\frac{z^2}{c^2 \varepsilon^2} - \frac{y^2}{b^2 \varepsilon^2} = 1, \text{ wo } \varepsilon^2 = 1 - \frac{\delta^2}{d^2}.$$

Die Schnitte parallel der xy-Ebene sind Hyperbeln mit den Gleichungen

$$\frac{x^2}{a^2 \varepsilon^2} - \frac{y^2}{b^2 \varepsilon^2} = 1, \text{ wo } \varepsilon^2 = 1 - \frac{\delta^2}{c^2}.$$

Die Hauptschnitte selbst sind:

$$\frac{z^2}{c^2} - \frac{y^2}{b^2} = 1 \text{ und } \frac{x^2}{a^2} - \frac{y^2}{b^2} = 1.$$

Zu bemerken ist, dass die Schar der yz parallelen Ebenen Hyperbeln ausschneidet, deren Hauptscheitel auf der Kehlellipse liegen und welche dem yz-Hauptschnitte ähnlich sind, bis δ bezw. $x = \pm a$; dann wird die Ebene zur Tangentialen in den Hauptscheiteln der Kehlellipse, die Hyperbel geht in die Asymptoten über, und von da ab wird sie der dem Hauptschnitt adjungierten Hyperbel (T. 1) ähnlich, und ihre Hauptscheitel liegen auf dem Hauptschnitt xy. Entsprechend liegt die Sache bei den xy-Schnitten. Der Asymptotenkegel der Fläche (**Fig. 18**) ist K(s) $\left\{ \frac{x^2}{a^2} - \frac{y^2}{b^2} + \frac{z^2}{c^2} = 0, \right.$ er ist ein Elliptischer Kegel, sein Schnitt durch eine Ebene $y = \pm \delta$ ist eine Ellipse, welche dem Schnitt der Fläche homothetisch, aber kleinere Axen hat, d. h. der Asymptotenkegel liegt ganz innerhalb der Fläche. Für die

Punkte ausserhalb ist K(s) > 1, denn, wenn Q ein Punkt ausserhalb, so schneidet MQ die Fläche in P zwischen O und Q, es ist daher

$$x_q = \mu x_p; \; y_q = \mu y_p; \; z_q = \mu z_p,$$

wo $\mu > 1$ und $K(Q) = \mu^2 R(P) = \mu^2$. Für die Punkte innerhalb ist K(s) < 1, für die Punkte auf der Fläche gleich 1 und diese Beziehungen sind umkehrbar.

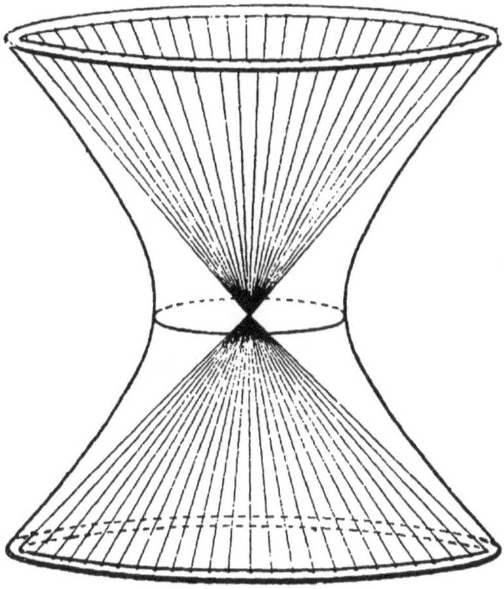

Fig. 18.

Da die Schnitte einer Ebene mit F denen mit K ähnlich und ähnlich liegend sind, so sind die Schnitte Hyperbeln, wenn sie zwei Kanten des Kegels parallel, Parabeln, wenn sie Einer Kante parallel, d. h. also einer Tangentialen von K parallel sind; unter den hyperbolischen Schnitten giebt es gleichseitige laut (§ 31).

Die Schnitte sind Ellipsen, wenn sie keiner Kante des Kegels parallel; wenn die Schnitte Tangentialen des Asymptotenkegels sind, so artet die Parabel in zwei parallele Geraden aus, welche die Kehlellipse in den Endpunkten eines Durchmessers berühren.

Sie werden zu Kreisschnitten, wenn ihre Richtungsfaktoren, die durch die Formeln § 31 gegebenen Werte haben, damit die Formeln passen, muss $\lambda'' < \lambda^0$, d. h. $c^2 > a^2$ angenommen werden.

Wir haben dann für den Radius die Formel:

$$r^2 = c^2\left(1 + \frac{d^2 c^2}{b^2 a^2}\right),$$

woraus ersichtlich, dass der kleinste Kreis sein Centrum in M, der Mitte der Fläche, hat und den Radius c.

Da Ein $\lambda < 0$, so existieren Kreispunkte auf der Fläche nicht.

§ 38. Das zweischalige Hyperboloïd.

Das zweischalige Hyperboloid habe die Gleichung

$$\frac{y^2}{b^2} - \frac{x^2}{a^2} - \frac{z^2}{c^2} = 1.$$

Der Hauptschnitt $y = 0$ giebt $-\frac{x^2}{a^2} - \frac{z^2}{c^2} = 1$, d. h. eine imaginäre Ellipse, die Parallelschnitte bleiben imaginär bis der Abstand von $y = 0$ den Wert $\pm b$ erlangt; in diesen beiden Fällen wird der Schnitt

$$\frac{x^2}{a^2} + \frac{z^2}{c^2} = 0,$$

d. h. er reduziert sich auf die Punkte

$$x = 0,\ z = 0,\ y = \pm b.$$

Diese beiden ausgezeichneten Punkte heissen die Scheitel der Fläche. Die Fläche besteht also aus zwei von einander durch einen Streifen parallel $y = 0$ und mit der Breite $2b$ von einander getrennten Stücken oder Schalen (F 19). Die Schnittellipsen werden, wenn $|y|$ von b an beständig wächst, beständig grösser, und bleiben stets ähnlich.

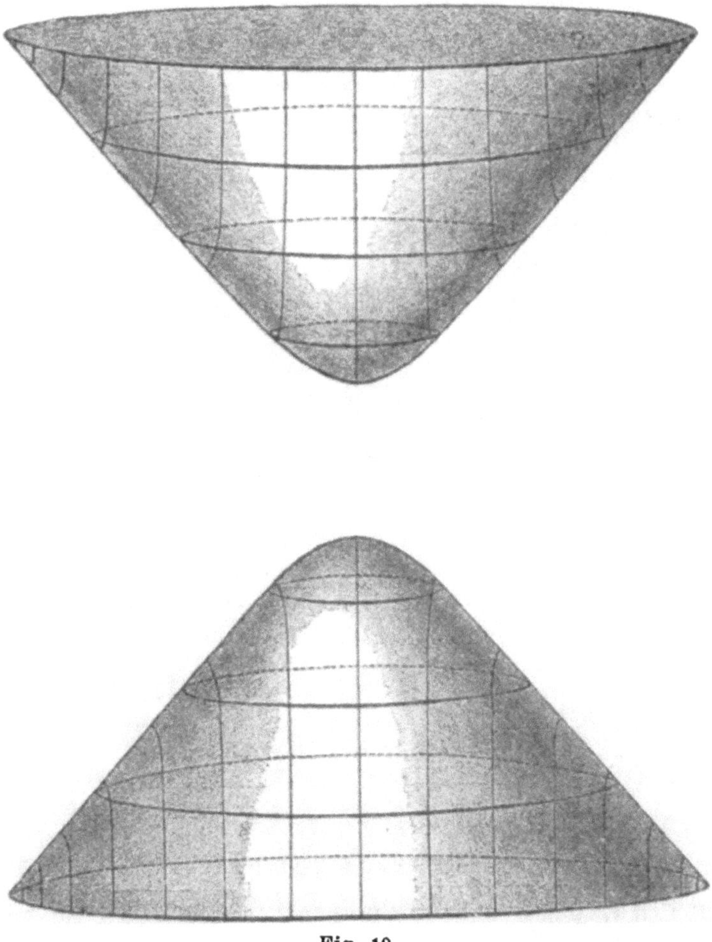

Fig. 19.

Der Hauptschnitt $z = 0$ ist die Hyperbel

$$\frac{y^2}{b^2} - \frac{x^2}{a^2} = 1$$

und die Parallelschnitte sind ähnliche Hyperbeln mit beständig wachsenden Axen, der Hauptschnitt $x = 0$ ist die Hyperbel
$$\frac{y^2}{b^2} - \frac{z^2}{c^2} = 1.$$

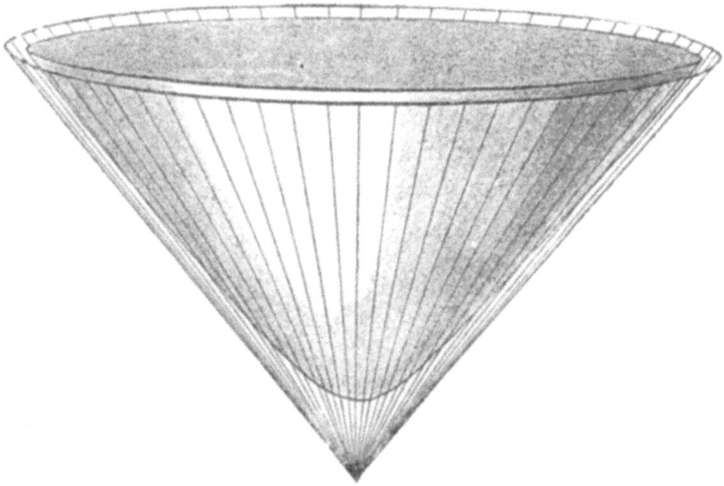

Fig. 20.

Die Hauptscheitel der Hyperbeln der ersten Schar liegen auf dem Hauptschnitt der zweiten Schar und v. v. die Nebenscheitel beider Scharen auf dem imaginären Hauptschnitt $y = 0$.

Der Asymptotenkegel hat die Gleichung

$$\frac{y^2}{b^2} - \frac{x^2}{a^2} - \frac{z^2}{c^2} = 0;$$

er ist hyperbolisch und l i e g t g a n z a u s s e r h a l b d e r F l ä c h e, denn ein Schnitt parallel der xz-Ebene im Abstande δ ist

$$\frac{x^2}{a^2}+\frac{z^2}{c^2}=\frac{\delta^2}{b^2},$$

während der entsprechende der Fläche

$$\frac{x^2}{a^2}+\frac{z^2}{c^2}=\frac{\delta^2}{b^2}-1$$

ist, also eine ähnliche und ähnlich liegende Ellipse mit kleineren Axen (**Fig. 20**).

Da R des § 31 jedes Zeichen annehmen kann, so existieren Schnitte aller Arten, wie beim Einschaligen Hyperboloid und die Bedingungen sind dieselben. Damit unsere Formel 4) (§ 31) die reellen Kreisschnitte liefern, muss $c^2 > a^2$ sein, alsdann ist

$$\cos^2\alpha=\frac{c^2}{b^2+a^2}\cdot\frac{c^2-a^2}{c^2}$$

und da zwei $\lambda < 0$, so existieren Kreispunkte für die Ebenen im Abstande

$$d^2=\frac{\lambda''}{\lambda^0\lambda'}=\frac{a^2b^2}{c^2};$$

wird

$$d^2>\frac{a^2b^2}{c^2},$$

so werden die Kreise imaginär.

Die Koordinaten der 4 Kreispunkte sind, da diese die Endpunkte, der Durchmesser

$$\frac{x\lambda^0}{b_{02}}=\frac{y\lambda'}{b_{12}};\ z=0:x=\pm\frac{a\,b}{c}\,\frac{c^2}{b^2}\,\frac{b}{c}\sqrt{\frac{c^2-a^2}{b^2+(c^2)}};\ y=..$$

$$\text{d. h. } x=\pm a\sqrt{\frac{c^2-a^2}{b^2+a^2}};\ y=\pm b\sqrt{\frac{b^2+c^2}{b^2+a^2}};\ z=0.$$

Die Kreisschnitte sind also der absolut grösseren der beiden negativen Axen parallel.

Die Gleichung der Tangential- (bezw. Polar-) Ebene des Punktes $x'\,y'\,z'$ ist

$$-\frac{x x'}{a^2}+\frac{y y'}{b^2}-\frac{z z'}{c^2}=1;$$

aus dem Vergleich mit der Gleichung der Ebene in Hessischer Form (§ 6) folgt, für das von M auf die Tangentialebene gefüllte Loth, die für alle drei centralen Quadriks gültige Formel

$$4)\quad \frac{1}{\delta^2}=\frac{x'^2}{a^4}+\frac{y'^2}{b^4}+\frac{z'^2}{c^4}=\lambda^{02} x'^2+\lambda'^2 y'^2+\lambda''^2 z'^2.$$

Was die Konstruktion der Tangentialebene in $P\left\{x' y' z'\right.$ betrifft, so kann man P auf die yz oder yx-Ebene projicieren und die Polare des Projectionspunktes in Bezug auf den betreffenden Hauptschnitt konstruieren und durch sie und P die Ebene legen. Man kann aber auch die xz-Ebene benutzen. Die Spur der Tangentialen auf der xz-Ebene ist die Polare des Punktes $-x'$; $-z'$; (d. h. des in Bezug auf die Projektion von P diametralen) für die Ellipse $\frac{x^2}{a^2}+\frac{z^2}{c^2}=1$. Man hat also nur nötig, durch P und diese Polare die Ebene zu legen.

VIII. Abschnitt.

Die Paraboloïde.

---

§ 39. Die Gleichungen der Flächen, Pol und Polare.

Wenn (6 Absch. § 31) $A \neq 0$, dagegen $\alpha_{33}=0$, so rückte der Mittelpunkt der Fläche ins Unendliche, die Form G(s) der Fläche ist dann die Summe der Cylinderform $Cy\left\{a_{00} x^2+\ldots+a_{33}\right.$; — $(\alpha_{33}=0)$ —, und der linearen (Ebenen) Form

$$E(s)\left\{2a_{03}x + 2a_{13}y + 2a_{23}z.\right.$$

Der Cylinder kann elliptisch oder hyperbolisch sein; wäre er parabolisch, so wäre $A = 0$ gegen die Voraussetzung und $G(s) = 0$ ein parabolischer Cylinder.

Transformieren wir den Cylinder auf seine Hauptaxen nach § 29 und so, dass wir wieder die Cylinderaxe, die Axe nach dem unendlich fernen Doppelpunkt, zur neuen z-Axe wählen, so wird

$$G(s) = \lambda^0 a^2 + \lambda' y^2 + E'(s);$$

verschiebt man den Anfangspunkt nach dem Punkt

$$S\left\{-\frac{a'_{03}}{\lambda_0};\ -\frac{a'_{13}}{\lambda'};\ -\frac{a'_{33}}{a'_{23}},\right.$$

so erhält man für $G(s)$ die Gleichung

1) $G(s) = \lambda^0 x^2 + \lambda' y^2 + 2pz = 0$

die Normalform der Paraboloïde.

In dieser Gleichuug sind zwei der Gestalt nach wesentlich verschiedene Flächen enthalten, je nachdem λ^0 und λ' gleiches oder entgegengesetztes Zeichen haben. Als Zeichen kann man im ersten Fall das +-Zeichen wählen. im zweiten Fall annehmen, dass λ' negativ, p kann negativ gesetzt werden, wenn es sich als > 0 ergiebt, braucht man nur die Richtungen auf der z-Axe zu vertauschen. Im ersten Fall kann man für $G(s)$ schreiben:

2) $\frac{x^2}{a^2} + \frac{y^2}{b^2} + 2pz = 0.$

Diese Fläche heisst: Elliptisches Paraboloïd; im zweiten Falle

2a) $\frac{x^2}{a^2} - \frac{y^2}{b^2} + 2pz = 0$

heisst die Fläche: Hyperbolisches Paraboloïd.

Beide zusammen: Paraboloïde.

Um das Verhalten der Flächen im Unendlichen zu betrachten, schreiben wir G (s) in homogener Form:

$$\lambda^0 s_0^2 + \lambda' s_1^2 + 2 p s_2 s_3 = 0.$$

Der Schnitt von G (s) mit der unendlich fernen Ebene $s_3 = 0$ ist das Gebilde $\lambda^0 s_0^2 + \lambda' s_1^2 = 0$; dies stellt zwei Gerade dar, deren Horizontalprojektion

$$(\sqrt{\lambda^0}\, x + i \sqrt{\lambda'}\, y)\, (\sqrt{\lambda^0}\, x - i \sqrt{\lambda'}\, y) = 0$$

ist und deren Schnittpunkt $x = 0$, $y = 0$, z unendlich ein Doppelpunkt der Schnittkurve. Die Tangentialebene in diesem Punkte enthält die beiden Geraden, die Fläche wird also von der unendlich fernen Ebene in diesem Punkte berührt.

Man sieht auch direkt ein, dass für hinlänglich grosse Werte der Koordinaten, welche in bestimmter Richtung liegen, d. h. so, dass die Verhältnisse $x : y : z$ bestimmt sind, z gegen x^2 und y^2 verschwindet und G (s) im Unendlichen mit seinem (Asymptoten-) Cylinder $\lambda^0 x^2 + \lambda' y^2 = 0$ zusammenfällt. Bei der Wahl dieses Cylinders herrscht insofern eine gewisse Willkür, als das konstante Glied ganz willkürlich ist; der Cylinder $\lambda^0 x^2 + \lambda' y^2 = c$ fällt selbst im Unendlichen mit dem Cylinder $\lambda^0 x^2 + \lambda' y^2 = 0$ zusammen; es ist sogar in mancher Hinsicht zweckmässig, als Konstante von G (s) nicht 0 zu wählen.

Der Asymptoten-Cylinder zerfällt aber in die beiden der z-Axe parallelen Ebenen $(\sqrt{\lambda^0}\, x \pm i \sqrt{\lambda'}\, y)$, welche sich in der z-Axe schneiden, und schneidet daher die unendlich ferne Ebene in zwei Geraden, deren Schnittpunkt auf der z-Axe liegt.

Zur Bestimmung der Tangentialen im Punkte $P\left\{x'y'z'\right.$ gehen wir von der homogenen Form aus, es ist $G'(s_0) = \lambda^0 s_0$; $G'(s_1) = \lambda' s_1$; $G'(s_2) = p s_3$; $G'(s_3) = p s_2$, somit die Gleichung der Tangentialen τ (4 Absch. § 20) im Punkte P.

3) $\tau = \lambda^0 x x' + \lambda y y' + p(z + z') = 0.$

Wenn P nicht auf die Fläche beschränkt wird, ist 3) zugleich die Gleichung der Polarebene des Pol P.

Als Bedingung, dass eine Ebene a, b, c, d Tangentiale sei, erhalten wir:

4) $\frac{2p}{c}\left(\frac{a^2}{\lambda^0} + \frac{b^2}{\lambda'}\right) + d = 0.$

Der Pol dieser Ebene wird bestimmt durch

$$x' = \frac{a\gamma}{\lambda^0};\; y' = \frac{b\gamma}{\lambda'};\; z' = \frac{d\gamma}{p},\quad \text{wo } \gamma = p,$$

so dass also $z' = \frac{d}{c}$. Man sieht:

Ist $c = 0$, d. h. ist die Ebene der z-Axe parallel, so rückt der Pol ins Unendliche.

τ wird erfüllt, wenn $x' = 0$, $y' = 0$, $z' = \infty$ durch $z = -\infty$, d. h. also durch die unendlich ferne Ebene, die wir uns als parallel zur x y-Ebene vorstellen. Die z-Axe, in deren Richtung der Doppelpunkt des Asymptotencylinders liegt, heisst im engeren Sinne: Axe der Paraboloïde.

Da, wenn $x'y'z'$ der Pol, die Richtungsfaktoren der Tangentialen proportional $\lambda^0 x'$, $\lambda' y'$; p sind, so ist die Gleichung der Normale bezw. der Axe für $x'y'z'$

5) $\frac{x - x'}{\lambda^0 x'} = \frac{y - y'}{\lambda' y'} = \frac{z - z'}{p}.$

§ 40. Ebene Schnitte.

Sei $E(s)\{ b_{02} x + b_{12} y + b_{22} z + d + 0$

eine Schnittebene, wir betrachten wieder den Cylinder durch die Schnittkurve, dessen Axe auf E senkrecht steht, so ist wieder (vgl. Abs. 6 § 31)

$$C = G(s) + E(s) H(s) = 0,$$

für die Koeffizienten der Form C haben wir

$a_{00} = \lambda^0 + 2 u b_{02} : a_{01} = b_{12} u + b_{02} v \ldots$ etc. $a_{22} = 2 w b_{22}$, d. h. also genau dieselben Werte wie oben nur $\lambda'' = 0$, wir erhalten also auch dieselben Konsequenzen, nur muss $\lambda'' = 0$ gesetzt werden. Dies giebt die Sätze:

Die Ebenen, welche aus einem Paraboloid gleichseitige Hyperbeln ausschneiden, sind den Tangentialebenen des Kegels

$$\frac{x^2}{\lambda^0} + \frac{y^2}{\lambda'} + \frac{z^2}{\lambda^0 + \lambda'} = 0$$

parallel.

Die Ebenen, welche aus einem Paraboloid Parabeln ausschneiden, sind der Axe des Paraboloids parallel.

Unter diesen Ebenen sind zwei, welche zugleich als Kreisschnitte gelten können, die Ebenen

$$b_{22} = 0; \; b_{02}^2 = -\frac{\lambda^0}{\lambda' - \lambda^0}; \; b_{12}^2 = \frac{\lambda'}{\lambda' - \lambda^0}$$

für diese Ebenen, welche nur beim hyperbolischen Paraboloide reell sind, reduzieren sich die Schnitte auf eine Gerade, denn diese kann sowohl als Parabel mit dem Parameter 0, wie als Kreis mit dem Radius ∞ angesehen werden. Es bleiben dann noch die Kreisschnittdoppelscharen

6) $b_{02} = 0,\ b^2_{22} = \frac{\lambda^0}{\lambda'};\ b_{12} = 0;\ b_{22}{}^2 = \frac{\lambda'}{\lambda^0}.$

Man sieht, wenn λ' negativ ist, d. h. für das hyperbolische Paraboloid sind alle Kreisschnittscharen imaginär, für das Elliptische die beiden Scharen reell, bei denen das grössere λ im Nenner von b^2_{22} steht; man kann unbeschadet der Allgemeinheit annehmen, dass $\lambda^0 < \lambda'$.

Die Formeln für δ, r etc. erleiden Aenderungen, da G (s) hier noch z enthält, doch sind dieselben für die Rechnung gering. Es wird, wenn man das Kreuz der y z-Axen um die x-Axe dreht, so dass die η-Axe in die Cylinderaxe fallt, also setzt:

$$y = \eta\, b_{12} - \zeta\, b_{22} \quad \text{oder kürzer: } y = \eta\beta - \zeta\gamma$$
$$z = \eta\, b_{22} + \zeta\, b_{12} \qquad\qquad z = \eta\gamma + \zeta\beta$$

$$\lambda^0 x^2 + \lambda^0 \zeta^2 + \eta(\delta + 2\,d\,(v\beta + w\gamma) + 2\,p\gamma)$$
$$+ \zeta\,(2\,d\,(w\beta - v\gamma) + 2\,p\beta$$

oder:

$$\lambda^0 x^2 + \lambda^0 \zeta^2 + \eta(\delta + d(\lambda^0 - \lambda') + 2\,p\gamma)$$
$$+ 2\zeta(\lambda' d\beta\gamma + p\beta) + d\delta = 0$$

hieraus bestimmt sich

7) $\delta = -\,d\,(\lambda^0 - \lambda') - 2\,p\gamma$

$$\eta_c = -\,d,\ \zeta_c = -\left(\frac{\lambda'\beta\gamma\,d + p\beta}{\lambda^0}\right)$$

und hieraus für die Koordinaten des Centrums in den Koordinaten x, y, z,

$$x = 0,\ y_c = \frac{p\beta}{\lambda'\gamma};\ z_c = -\frac{d}{\gamma} - \frac{\beta^2 p}{\gamma\lambda'}$$
$$= \frac{-\,d - p\,(\lambda' - \lambda^0)}{\gamma} \text{ und}$$

$$r^2 = \frac{-\,d\delta - \zeta_c{}^2}{\lambda^0}.$$

Die Koordinaten des Centrums kann man wieder direkt ableiten aus Kombination der Gleichung der Schnittebene $\beta y + \gamma z + d = 0$ und denen des Durchmessers, auf dem die Pole der Schnittebenen und damit die Centren liegen. Unter Durchmesser verstehen wir beim Paraboloid jede nach dem unendlich fernen Punkte der z-Axe, d. h. der Axe des Paraboloids im engsten Sinne gerichtete Gerade. Das elliptische Paraboloid, für das allein die Kreisschnitte geometrischen Sinn haben, hat nur in dieser einen Richtung einen reellen unendlich fernen (uneigentlichen) Punkt und kann daher gerade wie die Parabel als im Unendlichen geschlossen betrachtet werden.

Die Gleichungen des Pols bestimmen sich durch das System:

$$\lambda^0 x' = n\alpha;\ \lambda' y' = n\beta;\ p z' = n d;\ p = n\gamma \text{ als}$$

$$8)\quad x' = \frac{\alpha}{\gamma}\frac{p}{\lambda^0};\ y' = \frac{\beta}{\gamma}\frac{p}{\lambda^0};\ z' = \frac{d}{\gamma}.$$

Also die Pole aller parallelen Ebenen liegen auf einem Durchmesser.

Für die reelle Kreisschnittschar ist $\alpha = 0$, diese liegen also auf dem Durchmesser $y = \frac{\beta}{\gamma}\frac{p}{\lambda'}$ in der yz-Ebene.

r^2 wird Null, wenn das Centrum auf der Fläche, d. h. wenn der Pol auf die Fläche, die Ebene zur Tangentialebene wird, d. h. also

$$y_c = \frac{\beta}{\gamma}\frac{p}{\lambda'};\ z_c = \frac{\beta^2 p^2}{2 p \gamma \lambda'} = \frac{p}{2}\frac{(\lambda' - \lambda^0)}{\lambda^0 \lambda'}.$$

Die beiden Punkte, welche denselben Abstand von der yz-Ebene haben und entgegengesetztes y und in der Ebene $x = 0$ liegen, heissen: Kreispunkte des Paraboloids.

Dasselbe Resultat ergiebt sich, wenn man aus $r = 0$ $\zeta_c{}^2 = \frac{d_0{}^2}{\lambda^0}$ d_0 bestimmt.

Zur Kontrolle legen wir wieder durch den Kreisschnitt eine Kugel; es ergiebt sich sofort, dass wenn man die Form G(s) der Fläche und die Form der Schnittebene so kombinieren will, dass man die Form einer Kugel erhält, einer der Richtungsfaktoren 0 werden muss, weil in Bezug auf jedes orthogonale System die Kugel keine Produkte von Koordinaten enthält; wir setzen $\alpha = 0$, dann ist

$$\gamma z = -(\beta y + d); \; \gamma^2 z^2 - (\beta y + d)^2 = E^{(2)}(s) = 0,$$

$$G(s) + E^{(2)}(s) = \lambda^0 x^2 + y^2(\lambda' - \beta^2) + \gamma^2 z^2 + 2pz - 2\beta y d - d^2 = 0,$$

also: $\lambda' - \beta^2 = \lambda^0; \; \gamma^2 = \lambda^0;$

hieraus: $b_{22}{}^2 = \frac{\lambda^0}{\lambda'}; \; b_{12}{}^2 = \frac{\lambda' - \lambda}{\lambda'}$, wie oben.

Die Koordinaten des Kugelcentrums sind:

$$\eta = \frac{\beta d}{\lambda^0}; \; \zeta = -\frac{p}{\lambda^0} \text{ und } \varrho^2 = \frac{d^2\lambda' + p^2}{\lambda^0}, \; x = 0.$$

Das vom Kugelcentrum gefällte Lot hat die Gleichung $\frac{y - \eta}{\beta} = \frac{z - \zeta}{\gamma}$ und schneidet die Ebene $\beta\gamma + \gamma z + d = 0$ im Mittelpunkt des Schnittkreises, wodurch wir für dessen Koordinaten die schon bekannten Werte erhalten.

§ 41. Die Reye'schen Axen der Paraboloide.

Da die Gleichungen der Axen und der Normalen

dieselbe Form haben, so ist eine Ebene mit den Richtungsfaktoren $\alpha\ \beta\ \gamma$ und der Abstandskoordinate d Normalebene des Pols x′ y′ z′, wenn ihre Gleichung lautet:

$$\lambda^0 x x' + \lambda' y y' + p(z + z') = 0;$$

die Gleichungen der Axe sind die der Normale, also bei gegebenem Pol x′ y′ z′

$$\frac{x - x'}{\lambda^0 x'} = \frac{y - y'}{\lambda y'} = \frac{z - z'}{p}.$$

Wenn der Pol P nicht auf der Fläche liegt, so hat

$$\lambda^0 x'^2 + \lambda' y'^2 + 2pz'$$

einen von O verschiedenen Wert K; d. h. P erfüllt die Gleichung

$$\lambda^0 x^2 + \lambda' y^2 + 2p\left(z - \frac{K}{2p}\right) = 0,$$

und wenn man

$$z - \frac{K}{2p} = \zeta$$

setzt, d. h. den Ursprung ohne Richtungsänderung der Axen auf der Asymptoten-Cylinder-Axe verschiebt um $\frac{K}{2p}$, so erhält man ein dem ursprünglichen kongruentes Paraboloid, dessen Scheitel auf der z-Axe um $\frac{K}{2p}$ verschoben ist. Die ganze Schar dieser Flächen kann man als vom unendlich fernen Punkt der z-Axe durch Parallelstrahlen projiciert ansehen, und dieser Punkt vertritt völlig das Centrum des centralen Quadriks; die Schar heisse wieder homothetisch; also:

Der Axenkomplex eines Paraboloids ist identisch mit dem der Normalen der homothetischen Schar.

Es ist in mancher Hinsicht vorteilhaft, von einer beliebigen Fläche der Schar auszugehen und zu setzen:

$$\lambda^0 x^2 + \lambda' y^2 + 2pz = K,$$

wodurch die Gleichung der Polarebene übergeht in:

$$\lambda^0 x x' + \lambda' y y' + p(z + z') = K,$$

die Gleichungen einer (Reye'schen) Axe aber ganz unverändert bleiben, d. h.:

Eine Gerade, welche für Eine Fläche der Schar-Axe ist, ist es auch für alle übrigen und mit demselben Pole.

Sei die Axe durch ihre Plücker'schen Koordinaten gegeben. Es ist dann:

$$\alpha = \lambda^0 x'; \; \beta = \lambda' y'; \; \gamma = p; \; a = y'(p - z'\lambda');$$
$$b = x'(z'\lambda^0 - p); \; c = x'y'(\lambda' - \lambda^0),$$

hieraus wieder

$$a\alpha + \beta b + c\gamma = 0$$

wie stets, und indem man z' doppelt ausdrückt und mit γ, welches $\neq 0$ ist, dividiert, ergiebt sich

$$9) \quad \frac{c}{\alpha\beta} = \frac{1}{\lambda'} - \frac{1}{\lambda'} = \lambda^{-0} - \lambda^{-1}$$

als Gleichung des Axenkomplex.

Die Flächen, für welche $\lambda^{-0} - \lambda^{-1}$ konstant, sollen wieder konfokel heissen, also:

Konfokale Paraboloide haben denselben Axenkomplex.

Zur Bestimmung des Pols haben wir:

$$x' = \frac{\alpha}{\lambda^0}; \; y' = \frac{\beta}{\lambda^0}; \; z' = \frac{b}{\alpha} + \frac{p}{\lambda^0} = \frac{p}{\lambda'} - \frac{a}{\beta},$$

welche Gleichungen von K unabhängig sind.

Für den Fusspunkt der Axe haben wir die Gleichungen der Axe mit der ihrer Polar- (Normal-) Ebene zu kombinieren, welche in den Konstanten der Axe lautet:

$$\alpha x + \beta y + \gamma z = K - p \frac{b}{\alpha} - \frac{p^2}{\lambda^0} = d.$$

Die konfokalen Flächen, für welche d konstant, also $K - p^2 \lambda^{0-0}$ konstant, haben dieselben Axen und dieselben Normalebenen, also auch dieselben Fusspunkte.

Die allgemeine Form koaxialer Paraboloide ist (wenn $\lambda^{-0} = A^2$, $\lambda^{-1} = B^2$):

$$10) \quad \frac{x^2}{A^2+\mu} + \frac{y^2}{B^2+\mu} + 2pz - \mu = 0 = f(\mu),$$

worin p als negativ angesehen werden kann, $A > B$ und > 0, B^2 positiv, da sich μ so gross wählen lässt, dass $B^2 + \mu > 0$.

Durch jeden Punkt gehen wieder 3 Flächen der Schar, zwei davon sind elliptisch, eins hyperbolisch, denn $f(\mu)$ ist $+\infty$ für $\mu = -\infty$; $-\infty$ für $\mu = -A^2 - \varepsilon$, [wo ε eine beliebig wenig von O verschiedene Zahl bedeutet]; $+\infty$ für $\mu = -A^2 + \varepsilon$, $-\infty$ für $B\mu = -B^2 - \varepsilon$; $+\infty$ für $\mu = -B^2 + \varepsilon$ und $-\infty$ für $\mu = +\infty$. Also liegen die 3 Lösungen für μ zwischen $-\infty$ und $-A^2$; — elliptisches Paraboloid —; $-A^2$ und $-B^2$ — hyperbolisches — und $-B^2$ und $+\infty$ — elliptisches Paraboloid —.

Die 3 konfokalen Paraboloide, welche durch denselben Punkt gehen, schneiden sich wieder rechtwinklig, doch sind die Parabolischen Koordinaten von geringer praktischer Bedeutung.

Die Grenzwerte $\mu = -A^2$ und $\mu = -B^2$ haben wieder eine ganz ähnliche Bedeutung wie für die centralen Flächen, für sie arten die Flächen in die Kurven

11) $\frac{y^2}{B^2 - A^2} + 2pz = A^2; \frac{x^2}{A^2 - B^2} + 2pz = B^2$

aus, welche zwei kongruente Parabeln darstellen in den Symmetrieebenen $x = 0$ und $y = 0$, deren Axen der z-Axe parallel, aber untereinander entgegengesetzt sind, sie haben die analogen Eigenschaften und heissen: die Fokalparabeln der konfokalen Schar.

§ 42. Die Gestalt der beiden Paraboloïde.

Das Elliptische Paraboloid (s. **Fig.** 21) hat die Gleichung:

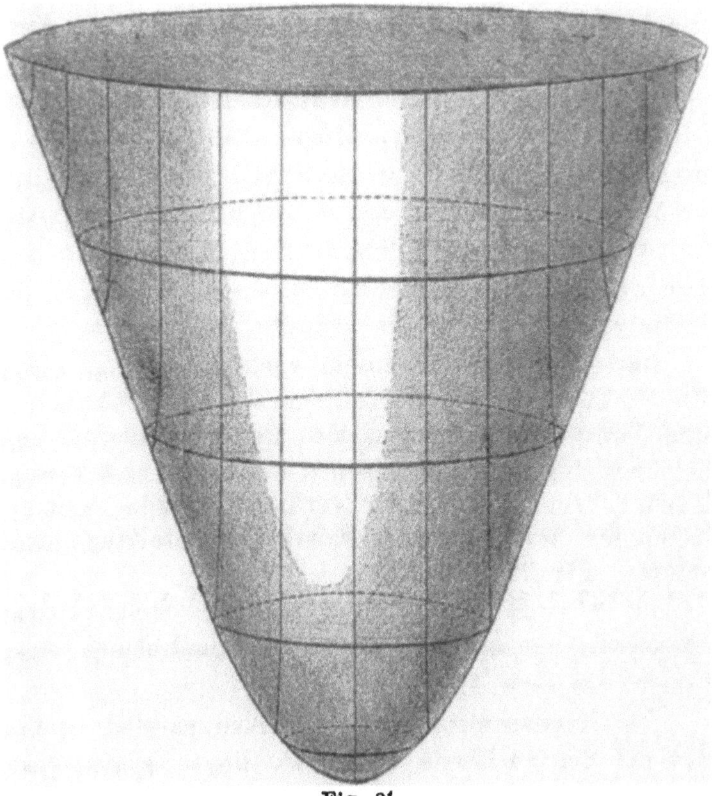

Fig. 21.

12) $\frac{x^2}{A^2} + \frac{y^2}{B^2} + 2pz = 0,$

wo $A > B$; $B > 0$; $p < 0$ angenommen wird, es steht auch nichts im Weg, $p = -1$ zu setzen, wodurch nur der Längenmassstab geändert wird. Die Fläche hat zwei Symmetrieebenen, die Hauptebenen $x = 0$ und $y = 0$; die xy-Ebene ist Tangentiale im Scheitel $S \{ 0, 0, 0$. Die Schnitte parallel $z = 0$ sind ähnliche Ellipsen mit stets wachsenden Axen (s. Fig. 21), deren Centren auf der z- (oder Flächen-) Axe liegen. Der Hauptschnitt $y = 0$ ist die Parabel $x^2 = -2pA^2z$, deren Scheitel S, deren Axe die z-Axe, deren Parameter $-2pA^2$ ist; der Hauptschnitt $x = 0$ ist die Parabel $y^2 = 2pB^2z$, deren Axe ebenfalls $+z$, deren Scheitel S, deren Parameter pB^2 ist. Die Schnitte parallel $y = 0$ sind dem zugehörigen Hauptschnitt kongruente Parabeln, deren Scheitel sich auf dem Hauptschnitt $x = 0$ bewegt, das Entsprechende gilt für die Schnitte parallel $x = 0$.

Das elliptische Paraboloid wird also erzeugt durch eine Parabel, deren Scheitel sich auf einer festen Parabel bewegt und zwar so, dass die Axen parallel und gleichgerichtet sind, die Ebenen der festen und beweglichen Parabel aufeinander senkrecht stehen, und die Ebene der beweglichen Parabel ihre Stellung nicht ändert. (Fig. 22.)

Ist $A^2 = B^2$, so ist die Fläche ein Rotationsparaboloid, das entsteht durch Umdrehung einer Parabel um ihre Axe.

Die Kreisschnitte sind der x-Axe parallel, stehen also auf der yz-Ebene senkrecht, liegen symmetrisch zu den beiden andern Axen, schliessen mit der xy-Axe die Winkel ein, bestimmt durch $\cos\beta = b_{22} = + \frac{B}{A}$ und $\cos(180 - \beta) = + \frac{B}{A}$. Die zugehörigen Kreispunkte haben die Koordinaten $x = 0$, $y = + b\sqrt{A^2 - B^2}$, $z = \frac{p}{2}(A^2 - B^2)$ und $x = 0$, $y = - B\sqrt{A^2 - B^2}$, $z = \frac{p}{2}(A^2 - B^2)$. Hyperbolische Schnitte existieren

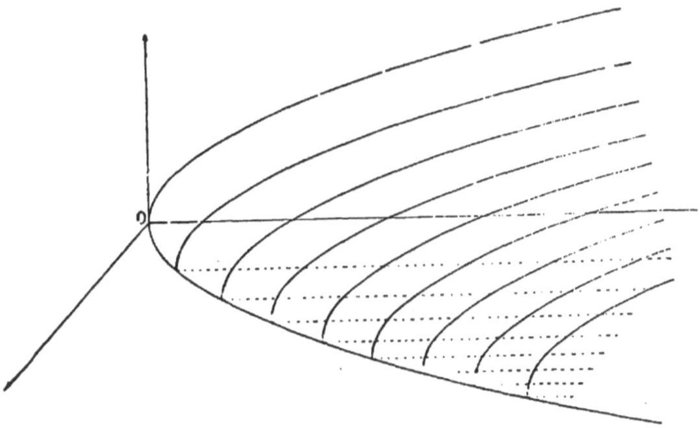

Fig. 22.

nicht, wie schon daraus hervorgeht, dass die Fläche im Unendlichen geschlossen betrachtet werden darf, d. h. sich nur in der Richtung ihrer (z-)Axe ins Unendliche erstreckt.

Das hyperbolische Paraboloid X hat die Gleichung
$$\frac{x^2}{a^2} - \frac{y^2}{b^2} + 2pz = 0.$$

Hieraus erkennt man (wie beim einschaligen Hyperboloid), dass auf der Fläche 2 Scharen von Geraden liegen, setzt man

$$\text{a)}\quad \frac{x}{a} + \frac{y}{b} = -2p\varrho;\quad \varrho\left(\frac{x}{a} - \frac{y}{b}\right) = z;$$

$$\text{b)}\quad \frac{x}{a} + \frac{y}{b} = \sigma z;\quad \sigma\left(\frac{x}{a} - \frac{y}{b}\right) = -2p.$$

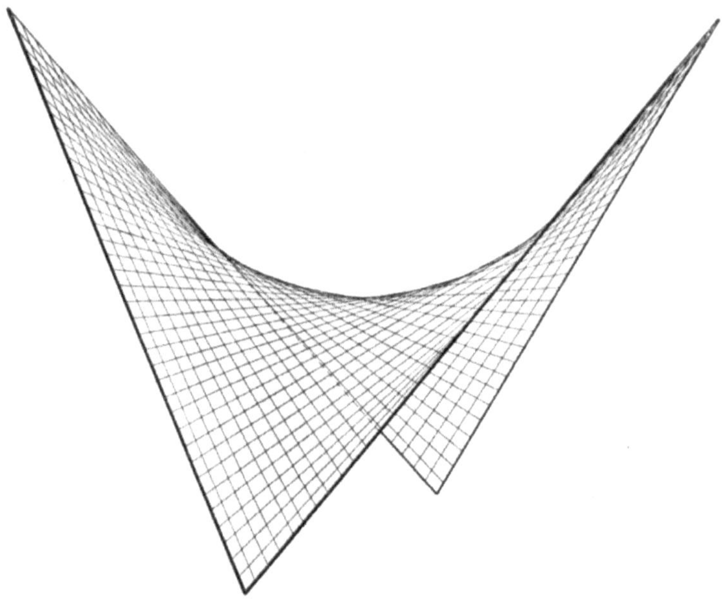

Fig. 23.

S o l i e g e n s o w o h l d i e G e r a d e n, i n w e l c h e n s i c h d i e E b e n e n d e r e r s t e n D o p p e l s c h a r a) s c h n e i d e n, a l s d i e S c h n i t t g e r a d e n d e r D o p p e l s c h a r b) a u f d e r F l ä c h e.

Der hyperbolische Paraboloid gehört also zu den geradlinigen F^2, s. **Fig. 23**; die Ebenen jeder Schar sind unter sich durch die gleichen Parameter projektiv bezogen, es kreuzen sich also die Geraden jeder Schar unter sich, während jede Gerade der einen Schar jede der andern schneidet; **durch jeden Punkt der Fläche gehen also 2 Gerade.** Hervorzuheben ist, dass von jeder Doppelschar der Ebenen die eine Schar der Flächenaxe (z-Axe) parallel ist, also vertikal zur xy-Ebene ist; die Projektionen der Geraden der Schar a) auf dieser Ebene sind also alle parallel der Geraden

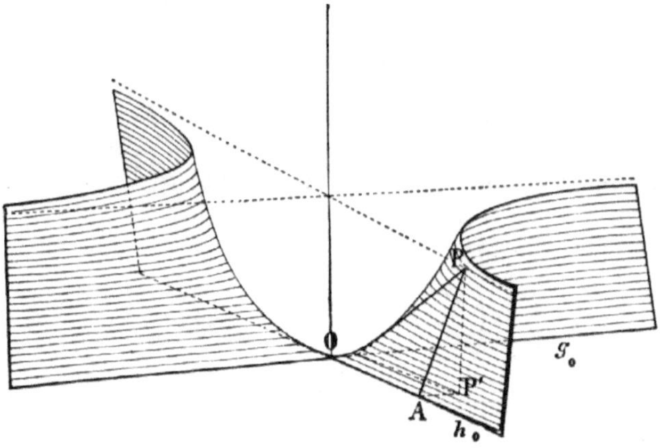

Fig. 24.

$\frac{x}{a} + \frac{y}{b} = 0$, die der andern b) alle parallel der Geraden $\frac{x}{a} - \frac{y}{b} = 0$. Diese beiden Geraden g_0 und b_0 bilden aber zusammen den Hauptschnitt $z = 0$ und schneiden sich im Scheitel (s. **Fig. 24**). Die Ebenen der Schar $\frac{x}{a} + \frac{y}{b} = -2p\varrho$ und die der Schar $\varsigma \left(\frac{x}{a} - \frac{y}{b}\right) = -2p$ sind, da für sie $b_{22} = 0$, $b_{02}^2 = -\frac{\lambda_0}{\lambda' - \lambda_0}$ zugleich die Ebenen, welche aus der

Fläche Eine Gerade (im Endlichen) ausschneiden. Man findet dieselbe leicht, wenn man einen beliebigen Punkt P auf die Ebene $z = 0$ projiciert (**Fig. 24**) in P′ und durch P′ zu g_0 bezw. h_0 die Parallelen g′ und h′ zieht und durch P und g′ bezw. P′ und h′ die Ebenen legt, welche die Fläche in den durch P gehenden Geraden g und h schneidet. Die Ebene durch g und h ist wieder die Tangentialebene an die Fläche in P. Man kann auch hier wie § . . . den Nachweis direkt führen.

Die Gleichung der Tangentialebene in $P\{x'\, y'\, z'$ ist:

$$\frac{x x'}{a^2} - \frac{y y'}{b^2} = -p(z + z');$$

sie ist sowohl erfüllt, wenn gleichzeitig

$$g \left\{ \begin{aligned} \left(\frac{x}{a} + \frac{y}{b}\right)\left(\frac{x'}{a} - \frac{y'}{b}\right) &= -2pz' \\ \left(\frac{x}{a} - \frac{y}{b}\right)\left(\frac{x'}{a} + \frac{y'}{b}\right) &= -2pz' \end{aligned} \right. ;$$

$$\left[\varrho = \frac{z'}{\dfrac{x'}{a} - \dfrac{y'}{b}} = \frac{\dfrac{x'}{a} + \dfrac{y'}{b}}{-2p}\right],$$

d. h. also für eine Gerade g der Schar a); als wenn

$$h \left\{ \begin{aligned} \left(\frac{x}{a} + \frac{y}{b}\right)\left(\frac{x'}{a} - \frac{y'}{b}\right) &= -2pz \\ \left(\frac{x}{a} - \frac{y}{b}\right)\left(\frac{x'}{a} + \frac{y'}{b}\right) &= -2pz' \end{aligned} \right. ;$$

$$\left[\sigma = -\frac{2p}{\dfrac{x'}{a} - \dfrac{y'}{b}} = \frac{\dfrac{x'}{a} + \dfrac{y'}{b}}{z'}\right],$$

d. h. für eine Gerade h der Schar b). Es ist

$$\varrho : \sigma = z' : -2p.$$

Da die Gerade g ganz in der zur xy-Ebene vertikalen $\frac{x}{a} + \frac{y}{b} = -2p\varrho$ liegt und die Ebene $z = 0$ im Punkte $\frac{x}{a} - \frac{y}{b} = 0$, d. h. auf h_0 schneidet, so ergiebt sich die einfache Konstruktion (s. Fig. 24). Man fälle von P auf die Ebene $z = 0$ das Lot PP', ziehe durch P' die Parallele g' zu g_0, schneidet h_0 in A, so ist AP die Gerade g; entsprechend wird h konstruiert, und die Ebene durch g und h ist die Tangentiale in P.

Der Hauptschnitt $z = 0$ ist keine Symmetrieebene (da er nicht durch das unendlich ferne Centrum — den Schnitt der Geraden $z = \infty; \frac{x}{a} + \frac{y}{b} = 0$ und $z = \infty; \frac{x}{a} - \frac{y}{b} = 0$ — geht), er stellt die in g_0 und h_0 zerfallende Hyperbel $\frac{x^2}{a^2} - \frac{y^2}{b^2} = 0$ dar.

Die Hauptschnitte $x = 0$ und $y = 0$ sind Parabeln: $y^2 = 2pb^2z$; $x^2 = -2pa^2z$. Unter der Voraussetzung $p < 0$, hat die erstere zur (Parabel-)Axe $-z$, die andre $+z$; beide berühren sich im Scheitel. Die Schnitte parallel $x = 0$ sind kongruente Parabeln, deren Scheitel auf der Symmetrieparabel $y = 0$ liegen, die Schnitte parallel $y = 0$ umgekehrt.

Es gilt also derselbe Satz, wie für das Elliptische Paraboloid, nur dass die Axe der beweglichen Parabel und die der festen einander entgegengesetzt sind (Fig. 25).

Die Schnitte parallel der Ebene $z = 0$ sind Hyperbeln, deren Asymptoten g_0 und h_0 parallel sind, die auf der gleichen Seite der Ebene $z = 0$ liegenden sind untereinander ähnlich; bei unserer Annahme liegen die Schnitte, für welche $z > 0$ im spitzen Winkelraum der Asymptoten, die für welche $z > 0$ im stumpfen (konjugierte Hyperbeln, T. 1). Die Gleichung der Fläche nimmt eine besonders einfache Form an, wenn man h_0 zur x-Axe, g_0 zur y-Axe wählt, und die z-Axe unverändert lässt, sie wird dann $2\xi\eta = -z(a^2+b^2)p$.

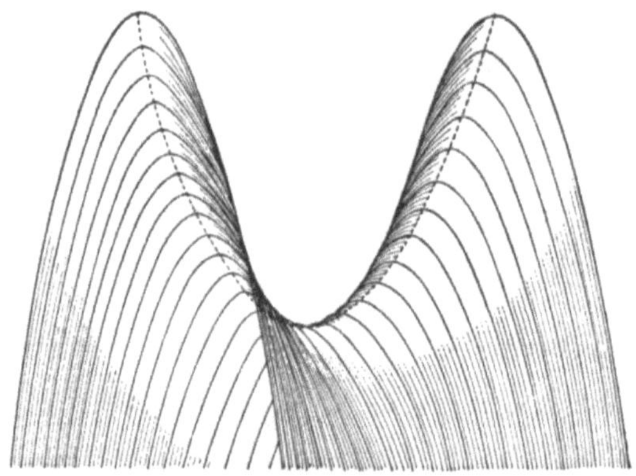

Fig. 25.

Es existieren keine elliptischen Schnitte, also auch keine Kreisschnitte, dagegen gleichseitige Hyperbeln. Die Ebenen parallel der z-Axe schneiden Parabeln aus, die wenn $b_{02}^2 = -\frac{\lambda^0}{\lambda' - \lambda^0} = \frac{b^2}{a^2+b^2}$ in ihre Axen ausarten.

Zum Schlusse dieses Abschnitts sei auf die vorzüglichen Modelle der Quadriks oder Konoïde von **L. Brill** in Darmstadt hingewiesen.

IX. Abschnitt.

Kubatur.

§ 43. Die Kubatur der centralen Flächen.

Es würde das einfachste sein, die Kubatur der F^2 auf die Simpson'sche (Newton-Cotes)-Regel zu gründen, aber die Ableitung der Regel ist nicht einfacher, als die direkte Kubatur. Wir zerschneiden die Körper durch Parallelschnitte zu einer Hauptebene in Schichten, die, wenn die Schnitte hinlänglich dicht aufeinander folgen, als Cylinder betrachtet werden können. Sei die Fläche ein Ellipsoid:

$$\frac{x^2}{a^2} + \frac{y^2}{b^2} + \frac{z^2}{c^2} = 1.$$

Wir nehmen als Grundfläche den Hauptschnitt $z = 0$, legen zu ihm parallel den Schnitt $z = h$, teilen h in n gleiche Teile, legen durch die Teilpunkte Parallelen zu $z = 0$, lassen n über jedes Mass wachsen, dann weicht die Schicht von dem Cylinder, dessen Grundfläche der Schnitt und dessen Höhe $\frac{h}{n}$ ist, nur ab um eine in Bezug auf die Schicht selbst verschwindend kleine Grösse, so dass wir die Zone zwischen $z = 0$ und $z = h$ als Grenzsumme der Cylinder ansehen können. Die k.-Cylinderschicht hat zur Grundfläche die Ellipse mit den Halbaxen $a\sqrt{1 - \frac{h^2 k^2}{c^2 n^2}}$, $b\sqrt{1 - \frac{h^2 k^2}{c^2 n^2}}$, ihr Inhalt ist also $a\,b\,\pi\left(1-\frac{h^2k^2}{c^2n^2}\right)$ und der Cylinder $C_p = a\,b\,\pi\,\frac{h}{n}\left(1-\frac{h^2k^2}{p^2}\right)$ und der ganze Körper

$$Z_h = a\,b\sum_0^{n-1}\pi\left(\frac{h}{n}-\frac{h^3k^2}{n^3}\right) = a\,b\,\pi\,h\left(1-\frac{h^2}{c^2}\Sigma\frac{k^2}{n^3}\right).$$

Die letzte Summe ist, wie aus den Elementen der Stereometrie bekannt, wenn n über jedes Mass gross, gleich $^1/_3$, also:

$$1)\quad Z_h = a\,b\,\pi\,h\left(1-\frac{h^2}{c^2 3}\right).$$

Dieselbe Formel, wie für die Kugelzone, abgesehen von der Verschiedenheit der Axen. Ist $h = c$, so erhält man für das halbe Ellipsoid 2b) $^1/_2\,E = \frac{2}{3}\,a\,b\,c\,\pi$ und für das ganze

$$2)\quad V = \frac{4}{3}\,a\,b\,c\,\pi.$$

Man hätte 1 und 2 auch aus der Abbildung des Ellipsoids auf die Kugel (s. Schluss des § 35) herleiten können.

Für das einschalige Hyperboloid geht man von der Kehlellipse $y = 0$ aus; die Gleichung ist

$$\frac{x^2}{a^2}-\frac{y^2}{b^2}+\frac{z^2}{c^2}=1.$$

Man legt im Abstande $y = h$ die Parallele zu $y = 0$, und sieht, dass sich nichts ändert, als dass das Vorzeichen von h^2 von — in + übergeht, also:

$$3)\quad Z_p = a\,c\,\pi\,h\left(1+\frac{h^2}{b^2 3}\right)$$

und das Stück zwischen Kehlellipse und $h = b$ ist

4) $V = \frac{4}{3} a b c \pi.$

Für das zweischalige Hyperboloid berechnen wir die Kappe zwischen $y = b$ und $y = b + h$, wenn

$$\frac{y^2}{b^2} - \frac{x^2}{a^2} - \frac{z^2}{c^2} = 1$$

die Gleichung. Der Schnitt in der Höhe $b + \frac{hk}{n}$ hat zum Inhalt

$$i_k = a c \pi \left(\frac{2kh}{bn^2} + \frac{kz^2}{n^2b^2}\right)$$

und die Schicht ist $i_k \frac{h}{n}$, also

5) $K_h = a c \pi h \left(\frac{h}{b} + \frac{h^2}{3b^2}\right) = \frac{a c h^2 \pi}{3b^2}(3b + h)$

und wenn $h = b$

6) $K_h = \frac{4}{3} a c b \pi$

ist also wiederum dem Ellipsoid mit den Axen a b c raumgleich.

Für die Kappe des Ellipsoids zwischen $z = c$ und $z = h$ ergiebt sich durch Subtraktion von 2^b) und 1) wenn $c - h = d$ gesetzt wird:

7) $K_c = \frac{a b \pi d^2}{3c^2}(3c - d).$

Die Formeln für das Ellipsoid sind denen für die Kugel ganz analog und unterscheiden sich von den Formeln für die Hyperboloide auch nur durch das Zeichen.

Der Ellipsoidsector, begrenzt von der Fläche der Kappe und den Radien nach der die Kappe abschneidenden Ellipse besteht aus dem Kegel mit der Höhe h und der Kappe ist also gleich

$$\frac{1}{3} h g + K e = \frac{1}{3} h g + \frac{1}{2} E - Z_h, \text{ also}$$

8) $S_e = \frac{2}{3} a b \pi d$,

wenn d die Dicke der Kappe; für die Kugel ist die Formel von Archimedes $\frac{2}{3} a. a. \pi d$, beide Formeln sind identisch, wenn man den Inhalt des zur Kappe gehörigen Hauptschnitts als f einführt, nämlich

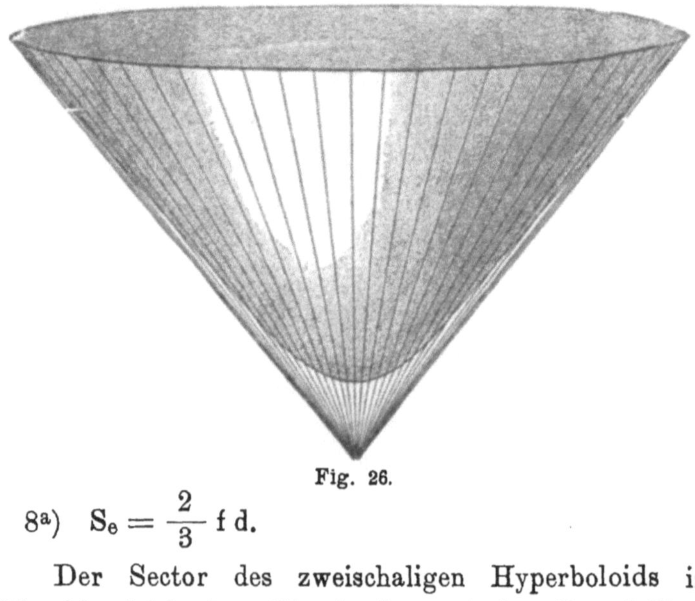

Fig. 26.

8a) $S_e = \frac{2}{3} f d$.

Der Sector des zweischaligen Hyperboloids ist (**Fig. 26**) gleich dem Kegel, der auf der Grundellipse der Kappe steht, vermindert um die Kappe

9) $S_h = \frac{2}{3} a c \pi h$.

Die Formel ist also dieselbe wie beim Ellipsoid. Nennt man f den Inhalt der Ellipse, in welchem der Asymptotenkegel die Tangentialebene im Scheitel S schneidet, so ist $f = ac\pi$ und

$$9^a)\quad S_p = \frac{2}{3} f d;$$

höhlt man die Kappe durch den inneren Kegel vom Scheitel S als Spitze aus, so ist für den Rest

$$10)\quad R = \frac{ac\pi h^2}{3b}.$$

§ 44. Die Kubatur der Paraboloide.

Das elliptische Paraboloid schneiden wir durch eine Ebene parallel zur Tangentialebene im Scheitel. War die Gleichung

$$\frac{x^2}{a^2} + \frac{y^2}{b^2} = -2pz = 2p'z,$$

so ist das durch die Ebene $z = h$ abgeschnittene Stück eine Kappe, die Schnittfläche selbst eine Ellipse, deren Inhalt $ab\pi 2p'h$ ist. (Zu bemerken ist, dass p' als reziproke Masszahl einer Strecke angesehen werden muss.) Zerschneidet man die Kappe durch $n - 1$ Parallelschnitte in gleichen Abständen in n Teile, so ist der k^{te} Querschnitt die Ellipse $abc2p'h\frac{k}{n}$, die betreffende Schicht, wenn n wieder ∞ gross wird, der Cylinder $abc2p'h^2\frac{k}{n}$ und die Summe

$$11)\quad K_p = 2p'abh^2\pi\frac{1}{2} = p'abh^2\pi.$$

Die Formel zeigt in der ersten Form, dass die Kappe die Hälfte des Cylinders ist, der ihre Grenzellipse auf die Tangentiale im Scheitel projiciert.

Die Ableitung dieser und der früheren Formeln kann auch ohne Anwendung der Formel limes

$$\sum_{k=0}^{n} \frac{k^p}{n^{p+1}} = \frac{1}{p+1}$$

erfolgen, oder richtiger, diese Formel kann auf geometrischem Wege hergeleitet werden. Die k Schicht z. B. des Ellipsoides liegt zwischen dem Cylinder mit der Höhe $\frac{h}{n}$ und der Grundfläche g_{k-1} und dem Cylinder mit der Höhe $\frac{h}{n}$ und der Grundfläche g_k, da die Schnittflächen vom Scheitel aus beständig wachsen und so, dass die Zunahme im Einzelnen unmerklich ist. Es giebt daher zwischen g_{k-1} und g_k einen Schnitt γ_k, so dass $\frac{h}{n}\gamma_k$ genau gleich der Körperschicht ist. Wenn g_k und g_{k-1} unendlich nahe bei einander, so kann jeder Zwischenwert zwischen beiden als γ_k benutzt werden. Ein Zwischenwert zwischen $(k-1)^2$ und k^2 ist aber $\frac{1}{3}(3(k-1)+3(k-1)^2+1) = \frac{1}{3}[(k^3)-(k-1)^3]$ daraus folgt unmittelbar

$$\lim \sum_{0}^{n-1} \frac{K^2}{n^3} = \frac{1}{3}.$$

Ebenso ist $\frac{1}{2}(2k-1) = k^2-(k-1)^2$ ein Zwischenwert zwischen k und k — 1, also

$$\lim \sum_{0}^{n-1} \frac{k}{n^2} = \frac{1}{2} \text{ und}$$

$\frac{1}{4}(k^4-(k-1)^4)$ ein Zwischenwert zwischen k^3 und $(k-1)^3$, also:

$$\lim {}_k\sum_{0}^{n-1} \frac{k^3}{p^4} = \frac{1}{4} \ldots$$

Das hyperbolische Paraboloid:

$$\frac{x^2}{a^2} - \frac{y^2}{b^2} = -2pz = 2p'z.$$

Man legt einen Schnitt parallel der yz-Ebene bezw. $x = 0$ im Abstande h (aber da $p' > 0$ im Abstande $z = -h$) und berechnet den Sattel zwischen den Ebenen $z = 0$, $z = -h$ und der Fläche (Fig. 27).

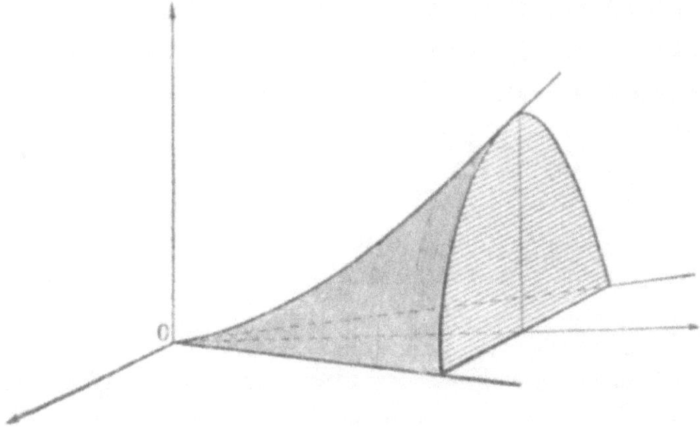

Fig. 27.

Der Querschnitt ist das Stück der Parabel:

$$\frac{y^2}{b^2} = 2pz - \frac{h^2}{a^2} = 2p\zeta$$

(wo $\zeta = z + \frac{h^2}{2a^2p}$), welches zum Wert des ζ für $z = 0$, d. h. zu $\zeta_0 = \frac{h^2}{2a^2p}$ gehört, also seine Fläche

$$g = \frac{4}{3} y_0 \zeta_0 = \frac{4}{3} \frac{h^2 b}{2a^2 p} \sqrt{\frac{2ph^2}{2a^2p}} = \frac{2}{3} \frac{h^3}{a^3 p} \cdot b,$$

also:

$$g_k = \frac{2}{3} \frac{h^3 b}{a^3 p} \frac{k^3}{n^4} . h \text{ und } V = \frac{2}{3} \frac{h^3 b}{a^3 p} . \frac{h}{4}.$$

12) $$V = \frac{2}{3} \frac{h^3 b}{a^3 p} . \frac{h}{4} = \frac{1}{6} \frac{h^4 b}{a^3 p}.$$

Die Formel 12) zeigt in der ersten Fassung den Satz:

Der Sattel des hyperbolischen Paraboloids, welcher durch einen Parallelschnitt zur Tangentialen im Scheitel abgeschnitten wird, ist $^1/_4$ des Cylinders, welcher die Grenzparabel auf die Tangentiale projiziert.

G. J. Göschen'sche Verlagshandlung in Leipzig.

Lessings Werke.

Göschen'sche Original-Ausgaben.

Billige 8°-Ausgabe 6 Bände in feinem Halblederband M. 7.60.
—„— in eigenartig vornehmem Liebhaberband M. 6 60

Lessings ausgewählte Werke 2 Bände in 1 Prachtband M. 2.80.

Lessings Meisterdramen, vornehmer Einband. M. 3.—.

Lessings Hamburg. Dramaturgie. 8°. M. 1.20.

Lessings Emilia Galotti. 8°. M. —.60.

Lessings Erziehung des Menschengeschlechts. 8°. M. —.40.

Lessings Fabeln. 8°. M. —.80.

Lessings Laokoon. 8°. M. 1.—.

Lessings Minna von Barnhelm. 8°. M. —.60.

Lessings Nathan der Weise. 8°. M. —.90

Lessings Nathan der Weise. Historisch-kritische Ausgabe. 8°. M. 1.—.

Lessing, Wie die Alten den Tod gebildet. 8°. M. —.25.

Lie, Dyre Rein. Eine Erzählung aus Urgroßvaters Hause. 8°. M. 3.—. Geb. M. 4.—.

— **Lindelin.** Märchendrama in 4 Akten. 8°. M. 2.40. Gebd. M. 3.20.

Liederdichter, Deutsche, des 12.—14. Jahrhunderts. Eine Auswahl v. K. Bartsch. 3. Aufl., besorgt v. W. Golther. Gr. 8°. M. 5.—. In altdeutschem Bibliotheksband M 6.—.

Linden, Ada, Aus der Stille. Gedichte. Geb. M. 2.—.

Deutsche Litteraturdenkmale

des 18. u. 19. Jahrhunderts, herausg. v. August Sauer.

— Ausführliche Prospekte gratis und franco von der Verlagshandlung oder durch jede Buchhandlnng. —

Marbach, Oswald, Goethes Faust. 8°. M. 8.—. Geb. M. 11.—.

Meringer, Rud., u. Karl Mayer, Versprechen und Verlesen. Eine psychologisch-linguistische Studie. Gr. 8°. M. 4.50.

Mörike, Ges. Schriften. 4 elegante Leinwandbände. Bd. I. Gedichte. 11. Aufl. Idylle vom Bodensee. Bd. II. Erzählungen. 4. Aufl. Hutzelmännlein, Mozart auf der Reise nach Prag u. s. w. III/IV. Maler Nolten. Roman. 4. Auflage. Jeder Band eleg. geb. M. 5.—.

— **Mozart auf der Reise nach Prag.** Novelle. 5. Auflage. Vornehmer Leinwandband mit Rotschnitt M. 2.50.

— **Historie von der schönen Lau.** Mit 7 Umrißzeichnungen von Mor. v. Schwind. 4°. Prachtband M. 5.—.

Mörike-Storm-Briefwechsel. Herausgeg. v. Jakob Bächtold. Gr. 8°. M. 1.80. Geb. M. 2.80

Muncker, Franz, Klopstock. S. Klopstock.

G. J. Göschen'sche Verlagshandlung in Leipzig.

G. J. Göschen'sche Verlagshandlung in Leipzig.

Ossians Gedichte aus dem Gälischen im Silbenmaße des Originals von Ch. W. Ahlwardt. 4. Aufl. 1861. 3 Bde. 16°. M. 3.—.

Platen, Aug. v., Gedichte. In neuer volkstümlicher Auswahl. 1887. Oktav. Geb. M. 1.20.

Reichel, Eugen, Gedichte. Oktav. Geb. M. 3.—.

Rückert, Friedrich, Gedichte in Auswahl. Oktav. Eleg. geb. M. 4.—.

Schönaich-Carolath, Prinz Emil von, Dichtungen. 4. Aufl. Oktav. M. 3.—. Geb. M. 4.—.

— Geschichten aus Moll. Oktav. M. 3.40. Geb. M. 4.—.

— Thauwasser. Oktav. M. 3.20. Geb. M. 4.—.

— Der Freiherr. — Regulus. — Der Heiland der Tiere. Drei Novellen. Oktav. M. 3.— Geb. M. 4.—.

Spies, Hermine. Ein Gedenkbuch von ihrer Schwester. Oktav. M. 5.—. Geb. M. 6.—.

Stauffer-Bern. Sein Leben, seine Briefe, seine Gedichte. Dargestellt von Otto Brahm. Oktav. M. 4.50. Geb. M. 6.—.

Vischer-Erinnerungen. Aeußerungen und Worte von Ilse Frapan. Ein Beitrag zur Biographie Fr. Th. Vischers. 2. Aufl. 1889. Mit Vischers Porträt in Lichtdruck. Oktav. M. 3.—. Geb. M. 4.—.

Ziegler, Professor Dr. Theob., Die Fragen der Schulreform. Zwölf Vorlesungen. 1891. Oktav. M. 2.50.

— **Die soziale Frage eine sittliche Frage.** 5. Aufl. 1895. Oktav. M. 2.50. Geb. M. 3.—.

— **Das Gefühl.** Eine psychol. Untersuchung. 2. Aufl. 1893. Gr. Oktav. M. 4.20. Geb. M. 5.20.

— **Notwendigkeit und Berechtigung des Realgymnasiums.** Vortrag, gehalten in der Delegiertenversammlung d. allgem. dtsch. Realschulmännervereins zu Berlin am 28. März 1894. Gr. Oktav. M. —.50.

— **Friedrich Theodor Vischer.** Vortrag, gehalten im Verein f. Kunst u. Wissenschaft zu Hamburg. 1893. Gr. Oktav. M. 1.20.

— **Der deutsche Student am Ende des 19. Jahrhunderts.** Vorlesungen, gehalten im Wintersemester 1894/95 an der Kaiser-Wilhelms-Universität zu Straßburg. 6. Aufl. 1897. Oktav. Kart. M. 3.50.

G. J. Göschen'sche Verlagshandlung in Leipzig.

MIX
Papier | Fördert gute Waldnutzung
FSC® C083411

Zeitfracht Medien GmbH
Ferdinand-Jühlke-Straße 7
99095 Erfurt, Deutschland
produktsicherheit@kolibri360.de